高等教育新工科信息技术课程系列教材

SQL Server 数据库实践教程

SQL Server SHUJUKU SHIJIAN JIAOCHENG

王雪梅　李海晨◎主　编

程　云　汪　洋　胡　娟　鲍家朝　窦慧敏◎副主编

中国铁道出版社有限公司
CHINA RAILWAY PUBLISHING HOUSE CO., LTD.

内 容 简 介

本书是高等教育新工科信息技术课程系列教材之一。本书注重实践操作，以操作为主线，带领读者从数据库创建开始，逐步递进，完成表的创建和管理、数据的增 / 删 / 改 / 查、视图的创建和使用等操作，最后介绍数据库安全知识。全书包括相关概念、图形界面操作数据库、数据定义、数据更新、数据查询、视图、数据库安全等内容。本书在理论讲解的基础上配有操作演示视频，并以一个完整的销售管理数据库贯穿第 3~6 章的实验任务。

本书适合作为高等院校非计算机类专业的教材，也可供数据库开发人员自学。

图书在版编目（CIP）数据

SQL Server数据库实践教程/王雪梅,李海晨主编. —北京：中国铁道出版社有限公司，2024.9

高等教育新工科信息技术课程系列教材

ISBN 978-7-113-30940-4

Ⅰ.①S… Ⅱ.①王… ②李… Ⅲ.①关系数据库系统-高等学校-教材 Ⅳ.①TP311.132.3

中国国家版本馆CIP数据核字（2024）第060150号

书　　名：SQL Server 数据库实践教程

作　　者：王雪梅　李海晨

策　　划：汪　敏　　**编辑部电话：**（010）51873135

责任编辑：汪　敏　彭立辉

封面设计：刘　颖

责任校对：安海燕

责任印制：樊启鹏

出版发行：中国铁道出版社有限公司（100054，北京市西城区右安门西街8号）

网　　址：https://www.tdpress.com/51eds/

印　　刷：河北宝昌佳彩印刷有限公司

版　　次：2024年9月第1版　2024年9月第1次印刷

开　　本：787 mm × 1 092 mm　1/16　**印张：**8.75　**字数：**172千

书　　号：ISBN 978-7-113-30940-4

定　　价：33.00元

前言

在当今的信息化时代，数据库技术扮演着不可或缺的角色。无论是各种信息管理系统，还是人们日常使用的QQ、微信、支付宝以及淘宝、京东等电商平台，其背后都离不开数据库的支持。掌握一些数据库知识对于理解和运用现代信息技术至关重要。

学习数据库知识的核心是掌握SQL，它是关系型数据库的标准语言，所有的关系型数据库都支持SQL。SQL是一种功能强大且易于学习的语言，能独立完成数据定义、数据操纵、数据查询和数据控制等功能。

本书是高等教育新工科信息技术课程系列教材之一，以SQL Server数据库环境为例，详细介绍了SQL的强大功能。不同于传统的理论书籍，本书以实践操作为主线，通过具体的案例和详细的步骤说明，引导读者从零开始，逐步掌握数据库的创建、表的管理、数据的增删改查、视图的使用，直至数据库安全知识的学习。在操作说明中，还介绍了相关的知识和注意事项。

本书主编拥有多年的IT软件企业开发经验，参与过多个大中型数据库应用系统的开发和维护工作。编者将自己在IT企业多年积累的数据库实践经验融入本书，无论是案例设计，还是文字说明，都花费了很多心思。本书尽量用深入浅出的语言进行描述，对于许多操作，不仅介绍了怎么做，还解释了为什么这么做，以及实际工作中的注意事项。

本书主要特点：

（1）以实践操作为主线，操作步骤清晰、准确，同时引出相关理论知识。

（2）例题丰富，尽可能涵盖所有可能的情况，以便学生深入理解和学习，同时也可作为项目实施过程中的参考。

（3）图文并茂，实际操作界面截图配合文字讲解，理论与实践相结合。

（4）适合高等院校各专业、各年级的学生从零基础开始学习。

（5）以一个完整的项目贯穿第3~6章的实验，使读者能够在实践中更好地理解和掌握所学内容。

本书各章内容说明如下表：

章节	说明	视频、习题数	实验
第1章　相关概念	将需要读者了解的相关概念进行简要介绍	无	无

续表

章 节	说 明	视频、习题数	实 验
第 2 章 图形界面操作数据库	图文并茂地介绍了数据库的创建和管理、表的创建和管理、表中加约束、数据增删改查以及对数据的分离、附加等操作过程，可帮助读者快速认识数据库	4 个视频 10 道习题	实验 1 SSMS 图形界面创建数据库和学生表 实验 2 SSMS 图形界面管理数据库和课程表、成绩表
第 3 章 数据定义	介绍使用 SQL 语句创建数据库、创建表、给表增加约束等操作，配有 38 道例题进行示例，在说明文字中讲解相关知识点，指出注意事项	1 个视频 8 道习题	实验 3 数据定义
第 4 章 数据更新	介绍使用 SQL 语句进行数据增、删、改操作的语法和例题（14 道例题），在说明文字中指出注意事项	3 个视频 6 道习题	实验 4 数据更新
第 5 章 数据查询	数据查询分为单表投影、选择查询、模糊查询、排序查询、聚合统计查询、多表连接查询、嵌套查询、集合查询和基于派生表的查询等。本章配有 40 道例题进行示例	13 个视频 20 道习题	实验 5 单表查询（一） 实验 6 单表查询（二） 实验 7 连接查询 实验 8 嵌套查询 实验 9 多种方式多表查询
第 6 章 视图	先简要介绍视图的相关知识和语法，再给出 15 道例题进行示例，在例题说明文字中进行详细说明，指出注意事项并强调要点	1 个视频 10 道习题	实验 10 视图的使用
第 7 章 数据库安全	简要介绍数据库安全的基本概念和安全标准，主要介绍自主存取控制进行授权的使用方法。本章共有 22 道例题	1 个视频 19 道习题	实验 11 权限设置 实验 12 SQL 综合练习
合 计		23 个视频 73 道习题	12 个实验

本书由安徽信息工程学院王雪梅和黑龙江大学李海晨任主编，安徽信息工程学院的程云、汪洋、胡娟、鲍家朝、窦慧敏任副主编。

感谢您使用本书，若发现本书有疏漏或不妥之处，请发送邮件与编者联系，邮箱：xmwang10@qq.com。

王雪梅

2024 年 3 月

目 录

第1章 相关概念

数据：描述事物的符号记录，其种类包括数字、文本、图形、图像、音频、视频等，数据与其语义是不可分的。

数据库（database，DB）：长期存储在计算机内、有组织的、可共享的大量数据的集合。SQL Server中的数据库按用途主要分为两类：系统数据库和用户数据库。系统数据库是系统创建的，用户数据库是为了某个应用而自行创建的。

数据库管理系统（database management system，DBMS）：一种操纵和管理数据库的系统软件，用于建立、使用和维护数据库，对数据库进行统一的管理和控制，保证数据库的安全性、完整性、多用户的并发控制、数据库的故障恢复等。

数据库系统（database system，DBS）：一般由数据库、数据库管理系统、应用程序和数据库管理员等构成。总而言之，计算机系统中引入数据库后的系统构成数据库系统。

表：组织和管理数据的基本单位，数据库中的数据都存储在一个个表中，每个表代表一个实体集，也称为一个关系。表是由行和列组成的二维表结构，表中的一行称为一条记录或一个元组，也表示实体的一个个体，表中的一列称为一个字段，代表实体的一个属性。

数据类型：描述并约束了列中所能包含的数据的种类、所存储值的长度或大小、数值精度和小数位数（数值类型）。

空值：不同于空字符串或数值零，通常表示未知。未对列指定值时，该列将出现空值。空值会对查询命令或统计函数产生影响，应尽量少使用空值。

约束：保持数据库完整性的机制，是在增加、修改、删除数据时自动检查数据是否符合已经设置好的规则。数据完整性主要分为三类：实体完整性（entity integrity）、参照完整性（referential integrity）、用户定义的完整性（user-defined integrity）。实体完整性是通过主键约束实现的，参照完整性是通过外键约束实现的，其他约束属于用户定义的完整性。

候选键（又称候选码）：指一个关系中某个属性或属性组可以唯一确定一个元组，而其子集不能，则称该属性或属性组为该关系的候选键。候选键可以有多个。例如，学号是学生关系的候选键，身份证号也可以是学生关系的候选键。

主键（又称主码）：若一个关系有多个候选键，则选定其中一个作为主键。主键列既不可以为空，也不可以重复。

外键（又称外码）：表示两个关系（也就是两个表）之间的联系。一个关系（称为外键表或参照表）的某个列的值受另外一个关系（称为主键表或被参照表）的主键制约，则该列可以定义为外键，又称作外关键字。例如，“选课”表中的“学号”受“学生”表中“学号”制约。

关系数据库：采用关系模型存储数据的数据库。关系模型是建立在严格的数学概念基础上，是由一组关系组成，每个关系的数据结构是一个规范的二维表。目前通用的结构化数据库几乎都是关系数据库。

关系模式与关系：关系模式是型，关系是值。关系模式通常可以简记为R（U），或R（A_1, A_2,⋯, A_n），仅是对结构的描述，没有数据，而关系是一张有数据的二维表，是有数据的。

第2章 图形界面操作数据库

本书以SQL Server 2008环境为例，给出在图形化界面使用数据库的步骤，让学生初步了解数据库，有了感性认识才能更好地学习相关理论。

2.1 创建和管理数据库

2.1.1 创建数据库

创建数据库的步骤如下：

（1）启动Microsoft SQL Server 2008，选择SQL Server Management Studio（简称SSMS），连接到数据库服务器，在“对象资源管理器”窗口中右击“数据库”选项，在弹出的快捷菜单中选择“新建数据库”命令（见图2-1），打开“新建数据库”窗口。

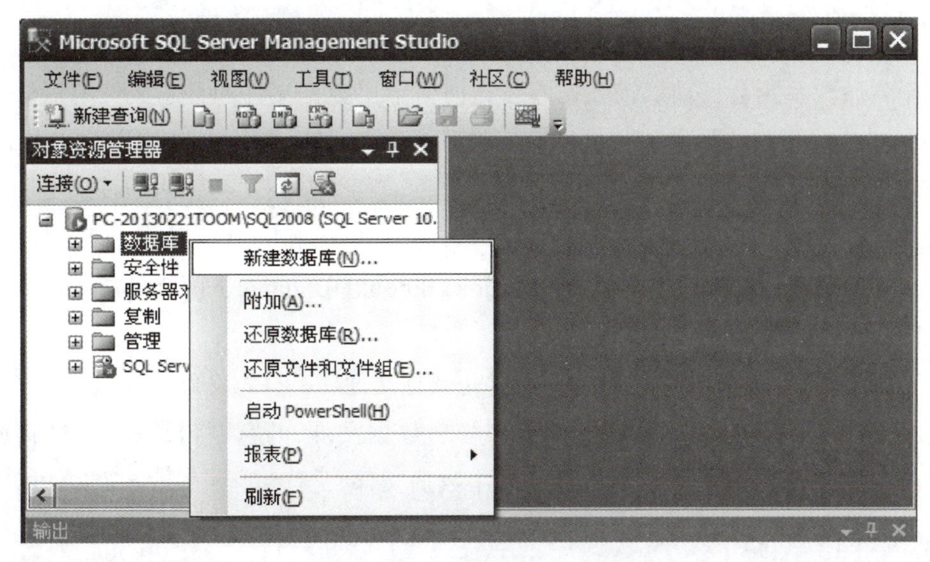

图 2-1 “对象资源管理器”窗口

（2）在“常规”页面中的“数据库名称”文本框中输入自定义的数据库名称，在“数据库文件”区域设置数据文件和日志文件的逻辑名称、初始大小、自动增长属性、存放路径、物理文件名等信息，如图2-2所示。

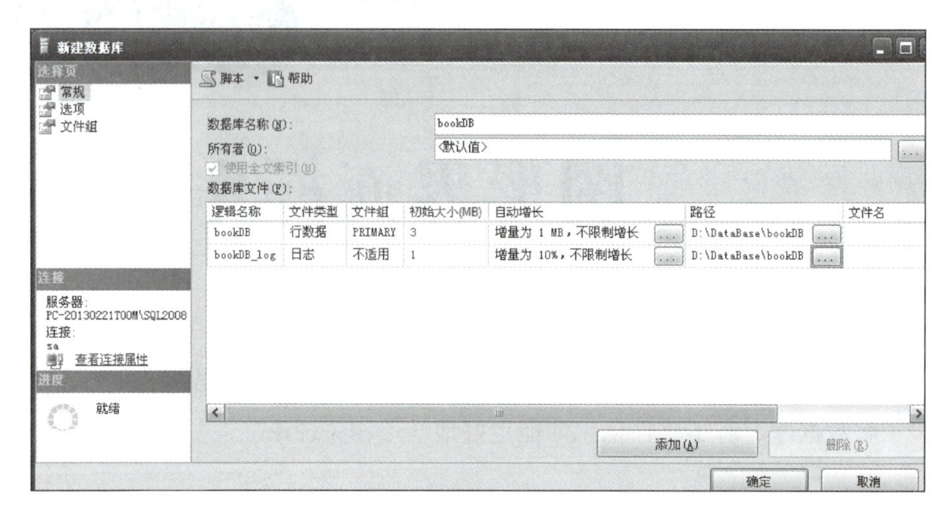

图 2-2 “新建数据库”窗口

数据库相关参数说明如下：

①数据库名称：自定义数据库名称，建议和项目内容相关。例如，开发的项目是图书管理系统，数据库可以命名为bookDB。

②所有者：数据库的所有者可以是任何具有创建数据库权限的登录账户，可以手工输入账户名，也可以单击“…”按钮进行选择，默认是当前登录到SQL Server的账户，一般情况下不进行修改，使用默认值。

③使用全文索引：启用数据库的全文搜索，则数据库中复杂数据类型列也可以建立索引。

④逻辑名称：数据库文件逻辑名，当在“数据库名称”文本框中输入要创建的数据库名后，系统会自动以该数据库名为前缀给出数据文件和日志文件的默认逻辑名，也可自行修改。如果该数据库有多个数据文件和日志文件，则需要另外命名，建议命名规则保持一致。例如，bookDB数据库有两个数据文件、两个日志文件，系统默认第一个数据文件和日志文件的逻辑名为bookDB和bookDB_log，可以修改默认名，将两个数据文件命名为bookDB_data1和bookDB_data2，两个日志文件命名为bookDB_log1和bookDB_log2。

⑤文件类型：表示设置的数据库文件是数据文件还是日志文件。

⑥文件组：SQL Server用文件组来管理数据文件，默认将数据文件都存放在Primary主文件组中。如果该数据库有多个数据文件，可以再创建自定义文件组来分组存放数据文件，但主要数据文件一定存放在Primary主文件组中，次要数据文件可以存放在Primary主文件组中，也可以存放在自定义的文件组中。在“文件组”页面

创建新文件组，如图2-3所示。单击“添加”按钮，在文件组页面增加一行，输入自定义的文件组名即可。

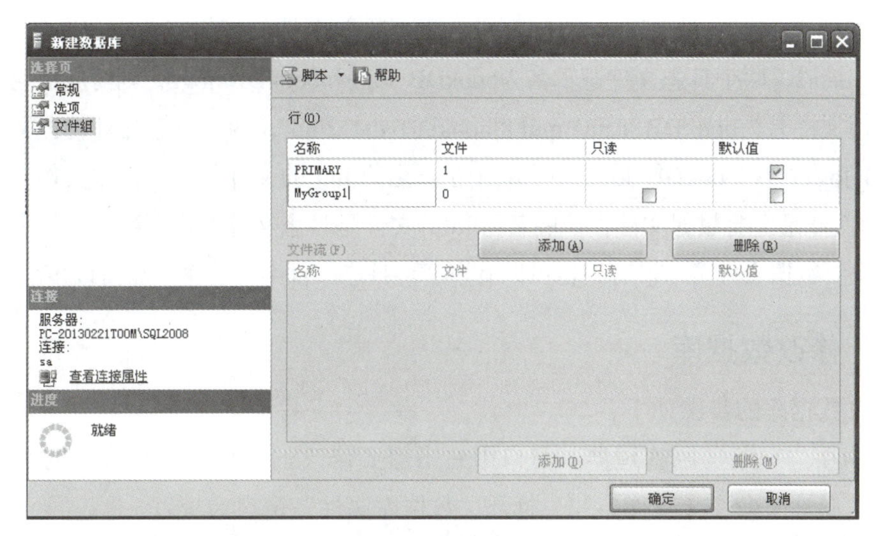

图 2-3 新建文件组

⑦初始大小：限定数据文件的初始容量，SQL Server中数据文件的初始大小默认与model系统数据库的设置相同，为数据文件3 MB，日志文件1 MB，可以根据实际需求进行修改。model是模板数据库，如果希望以后新创建的数据库初始大小都统一为另外的规格，可以修改model数据库的属性设置。

⑧自动增长：当数据库文件容量不足时，可以根据所设置的增长方式自动扩展容量。一般情况下，即使磁盘空间足够，也会对日志文件限制文件最大值，而数据文件可以设置为不限制文件大小。自动增长设置页面如图2-4所示。

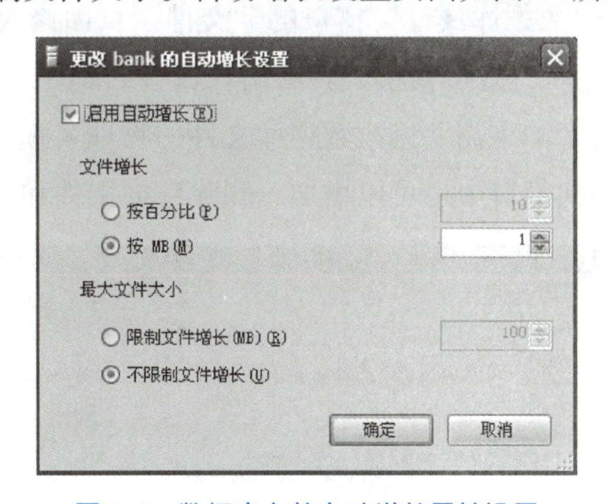

图 2-4 数据库文件自动增长属性设置

⑨路径：指定数据库文件的存放目录，如果数据库文件需要存放在一个新的文件夹中，需要事先创建文件夹。例如，bookDB数据库文件需要存放在D盘二级文件夹D:\DataBase\bookDB下，需要先创建D:\DataBase\bookDB文件夹，然后才可以选择该文件夹为存放路径。

⑩文件名：数据库文件的物理文件名，也就是在磁盘上看到的文件名。如果未输入物理文件名，系统自动将数据库文件物理文件名和逻辑文件名保持一致，例如bookDB数据库有两个数据文件、两个日志文件，两个数据文件的逻辑名为bookDB_data1和bookDB_data2，两个日志文件逻辑名为bookDB_log1和bookDB_log2，则对应的两个数据文件物理文件名为bookDB_data1.mdf和bookDB_data2.ndf，两个日志文件物理文件名为bookDB_log1.ldf和bookDB_log2.ldf。其中扩展名为.mdf的文件是主要数据文件，扩展名为.ndf的文件是次要数据文件，扩展名为.ldf的文件是日志文件。主要数据文件有且只有一个，次要数据文件可以没有，也可以有多个。日志文件至少一个，也可以多个。

2.1.2 修改数据库

修改数据库的步骤如下：

（1）在“对象资源管理器”窗口中右击需要修改的数据库，在弹出的快捷菜单中选择“属性”命令（见图2-5），打开“数据库属性”窗口。

图 2-5 修改数据库

（2）在图2-6所示“数据库属性”窗口的“文件”页面修改数据库信息，可以修改数据库文件的逻辑名称、初始大小、自动增长属性，但不可以修改数据库文件的存放路径和物理文件名。如果需要修改数据库文件的物理名称，可以在Windows资源管理器窗口中操作。在此窗口中也可以增加、删除数据文件和日志文件。

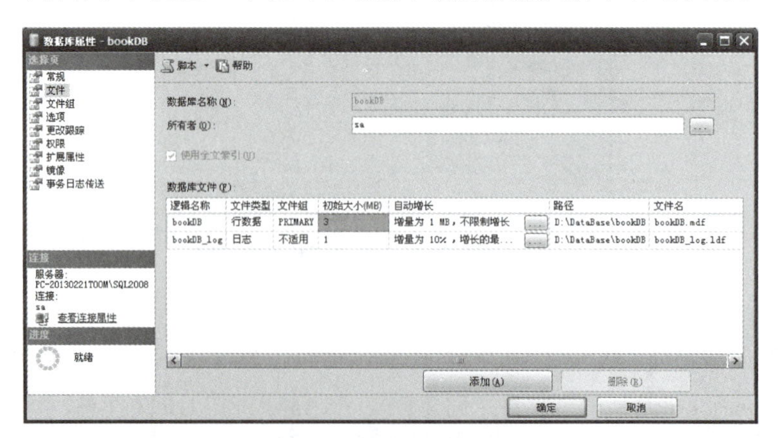

图 2-6 “数据库属性”窗口

说明:

实际工作中，对数据库修改比较多的是增加数据文件和日志文件，或者修改数据库文件的自动增长属性。

2.1.3 删除数据库

删除数据库的步骤如下：

（1）在“对象资源管理器”窗口中右击需要删除的数据库，在弹出的快捷菜单中选择“删除”命令（见图2-7），打开“删除对象”窗口。

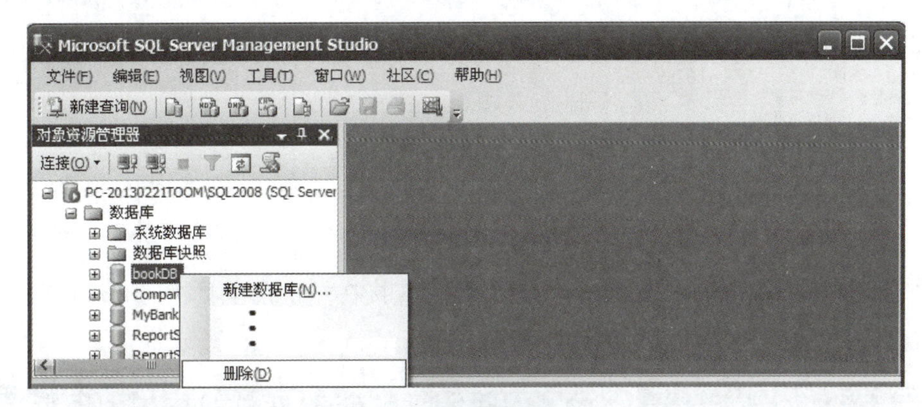

图 2-7 删除数据库

（2）在“删除对象”窗口中确认要删除的数据库，选中“关闭现有连接”复选框，避免有用户在使用此数据库而影响删除，单击“确定”按钮，如图2-8所示。

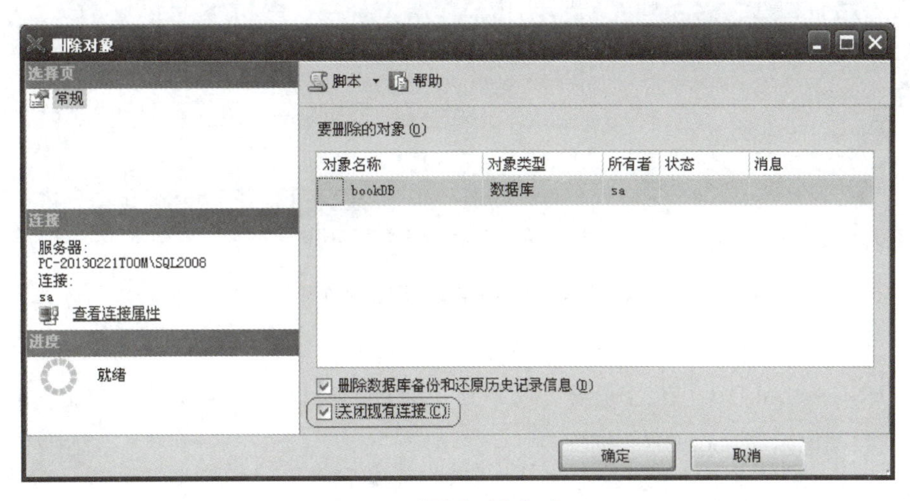

图 2-8 “删除对象”窗口

说明:

数据库删除后不可恢复，数据库中的表和数据等将全部丢失，请慎重执行此操作。

2.1.4 打开数据库

常用三种方法打开数据库，第一种方法是在“对象资源管理器”中选中需要使用的数据库，如bookDB数据库，然后单击“新建查询”按钮，此时可以看到当前查询窗口左上角工具栏上显示的可用数据库就是bookDB数据库，如图2-9所示。

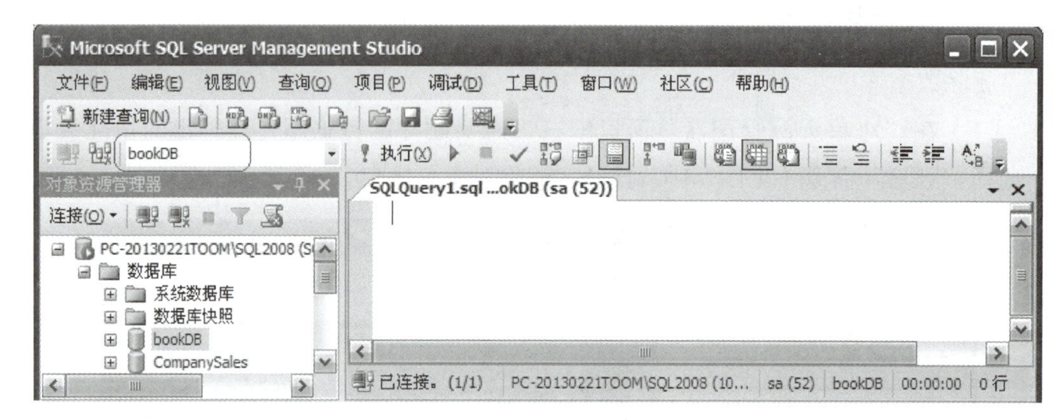

图 2-9 打开数据库

第二种方法是先新建一个查询窗口，然后直接在左上角工具栏的“可用数据库”下拉列表中选择需要打开的数据库，如图2-10所示。

图 2-10 选择打开的数据库

第三种方法是先新建一个查询窗口，在查询窗口执行“USE 数据库名”命令。例如，USE bookDB，执行完毕可以看到当前查询窗口左上角工具栏中显示的可用数据库就是bookDB数据库。

视 频

分离附加数据库

2.1.5 分离数据库

如果需要复制、移动数据库文件，必须先将该数据库从SSMS上分离。分离数据库的操作步骤如下：

（1）在“对象资源管理器”窗口右击需要分离的数据库，在弹出的快捷菜单中选择“任务”→“分离”命令（见图2-11），打开“分离数据库”窗口。

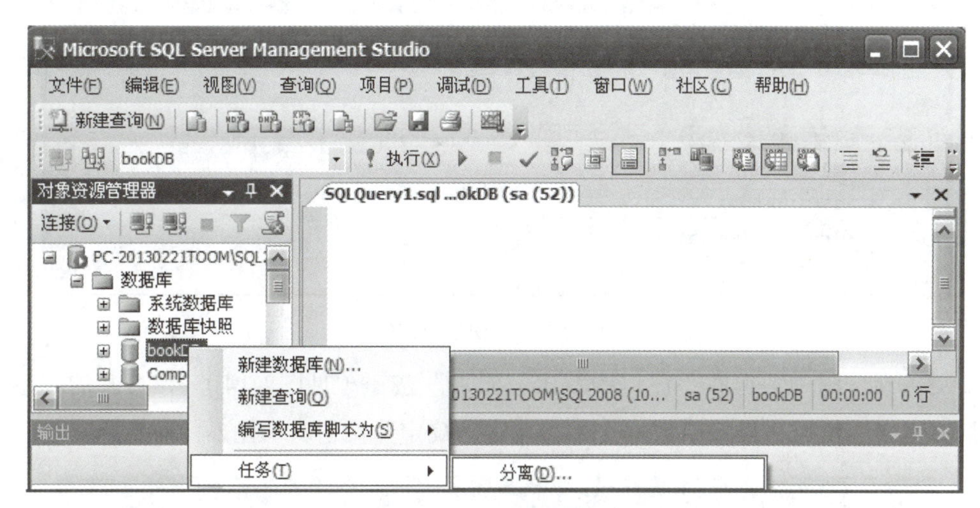

图 2-11　分离数据库

（2）在“分离数据库”窗口选中“删除连接”选项（见图2-12），然后单击“确定”按钮实现数据库分离。选中“删除连接”选项是为了避免有用户在使用该数据库造成分离失败。数据库分离后在“对象资源管理器”窗口中就看不到该数据库，此时可以在Windows资源管理器窗口中对该数据库文件进行复制、删除等操作。

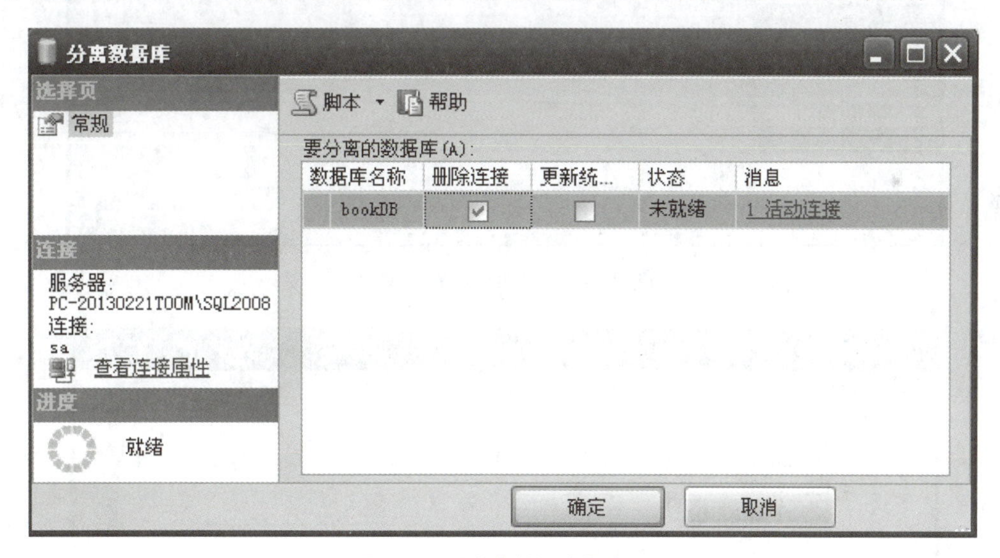

图 2-12　“分离数据库”窗口

2.1.6　附加数据库

在需要时可以将分离的数据库文件再附加到SSMS中，也可以复制到另外的计算机上附加使用。附加数据库的步骤如下：

（1）在“对象资源管理器”窗口中右击“数据库”选项，在弹出的快捷菜单中选择“附加”命令（见图2-13），打开“附加数据库”窗口。

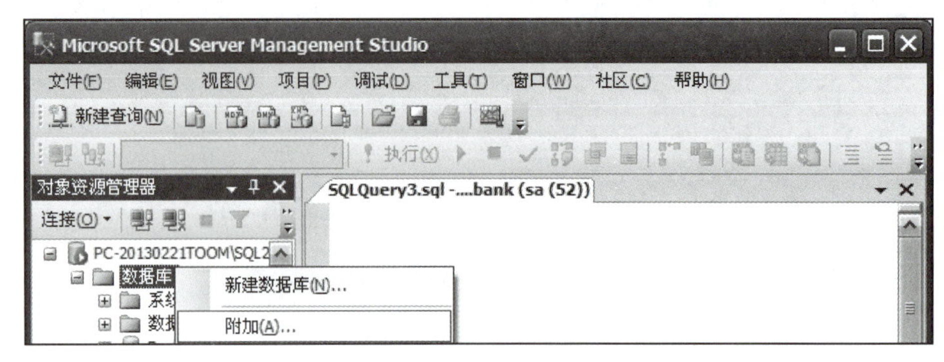

图 2-13　附加数据库

（2）在“附加数据库”窗口中单击“添加”按钮（见图2-14），在打开的“定位数据库文件”窗口选择主要数据文件，单击“确定”按钮，如图2-15所示。

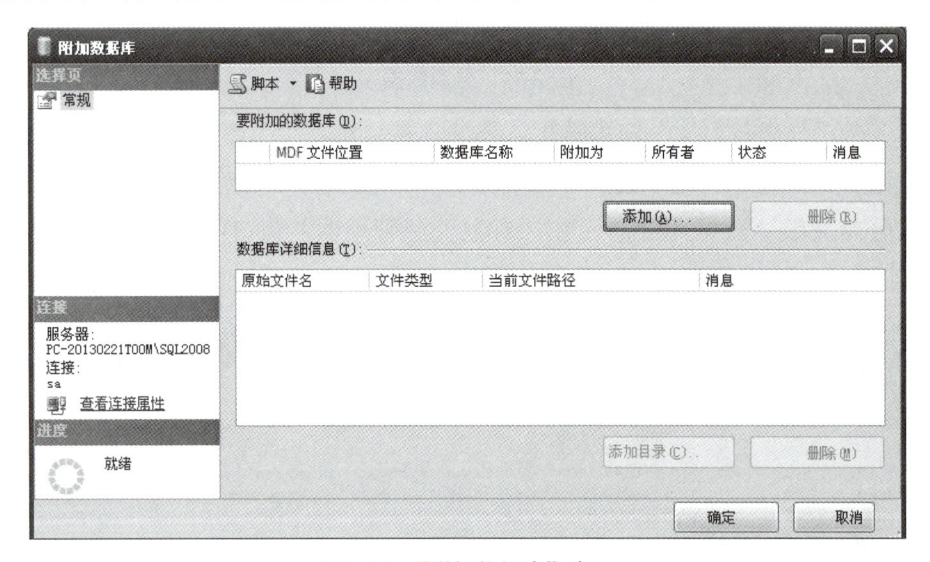

图 2-14　“附加数据库”窗口

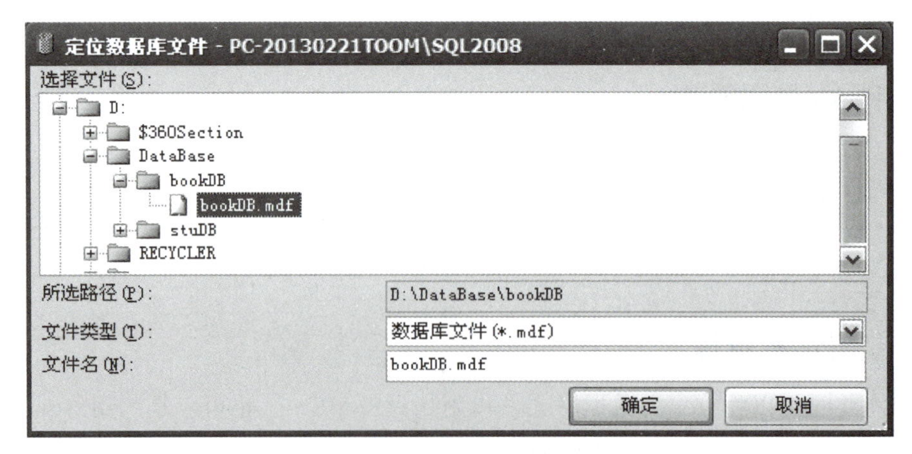

图 2-15　“定位数据库文件”窗口

（3）回到“附加数据库”窗口，窗口中显示该数据库所有数据文件和日志文件的信息（见图2-16），单击“确定”按钮完成数据库的附加操作，附加完成后在“对象资源管理器”窗口就可以看到该数据库。

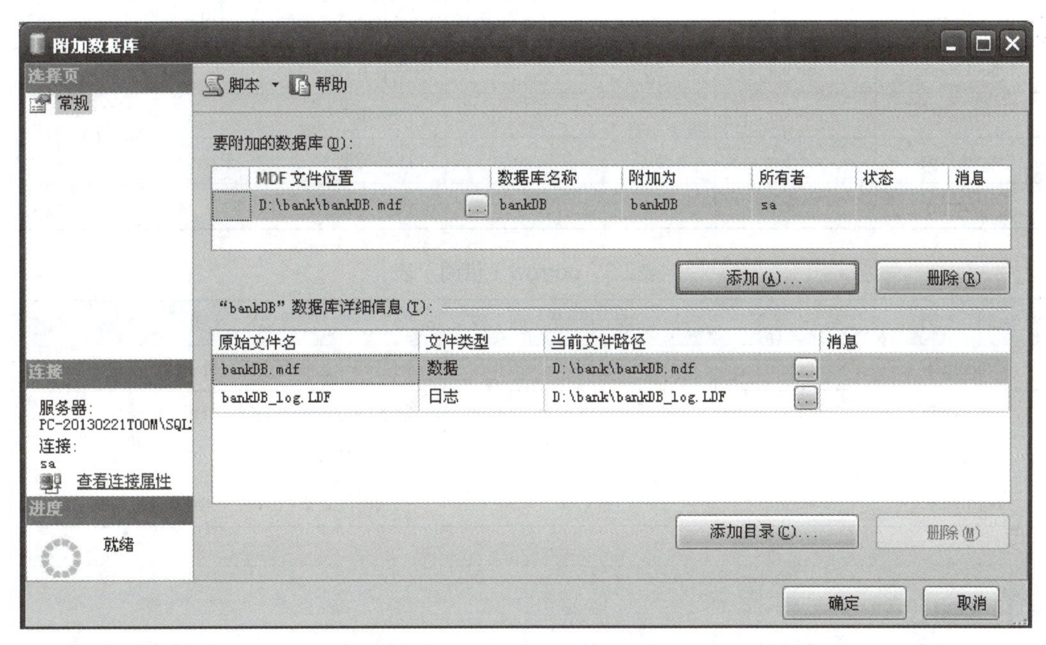

图 2-16 “附加数据库”窗口

2.2 创建和管理表

2.2.1 创建表

在bookDB数据库中创建读者表、图书表、借阅表，了解在SSMS中创建表的过程，了解在SSMS中设置非空约束、主键、默认值、检查约束、唯一约束、外键等约束以及设置标识列的方法。三个表的结构见表2-1~表2-3。

表2-1 readers（读者）表

列 名	数据类型	长 度	允 许 空	说 明
readerID	int			读者编号、主键、标识列、种子1、增量1
grade	smallint		√	读者年级，2023级学生输入2023
readerName	varchar	8		读者姓名
num	varchar	15	√	学生学号或教师工号，唯一
sex	char	2	√	读者性别，只许输入'男'或'女'，默认'男'
tele	varchar	20	√	读者电话
borrowNum	int		√	借书数量，默认0

表2-2　books（图书）表

列　名	数据类型	长　度	允 许 空	说　明
bookID	int			图书编号、主键、标识列、种子1、增量1
bookName	varchar	50		图书书名
author	varchar	100		图书作者
bookType	varchar	50	√	图书类型
inventory	int		√	图书库存量，默认5本

表2-3　borrow（借阅）表

列　名	数据类型	长　度	允 许 空	说　明
bookID	int			图书编号、联合主键、外键
readerID	int			读者编号、联合主键、外键
status	char	4	√	状态、默认为“初借”
borrowDate	datetime		√	借阅时间，默认为系统当前日期

说明：

常用数据类型及其含义见附录B。约束可以防止数据库中输入不符合语义规定、不正确的数据。SQL Server 2008支持Not Null（非空）、Default（默认值）、Check（检查约束）、Primary Key（主键）、Foreign Key（外键）、Unique（唯一键）六种约束。

1. 新建表

在“对象资源管理器”窗口打开已经创建的数据库bookDB，右击“表”选项，在弹出的快捷菜单中选择“新建表”命令，打开“新建表”窗口，如图2-17所示。

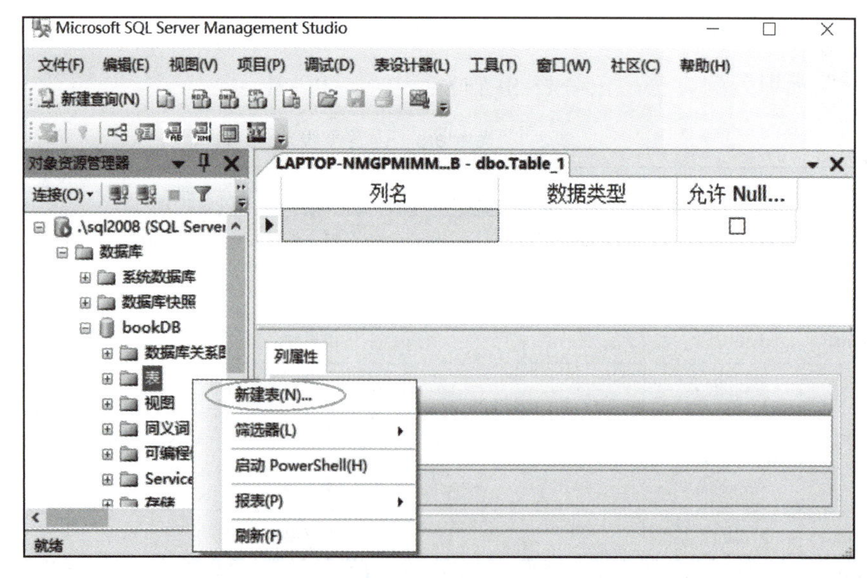

图 2-17　新建表

2. 定义表中字段

在“新建表”对话框输入表中字段内容，包括列名、数据类型、长度、是否允许空等。图2-18所示为readers表定义对话框。

LAPTOP-NMGPMIMM...B - dbo.Table_1*

列名	数据类型	允许 Null...
readerID	int	☐
grade	smallint	☑
readerName	varchar(8)	☐
Num	varchar(15)	☑
sex	char(2)	☑
tele	varchar(20)	☑
borrowNum	int	☑

图 2-18　定义 readers 表中的字段

3. 设置主键

如果要设置读者编号为主键，可右击readerID字段，在弹出的快捷菜单中选择“设置主键”命令。设置完成后readerID字段前面出现一个主键标志，如图2-19所示。

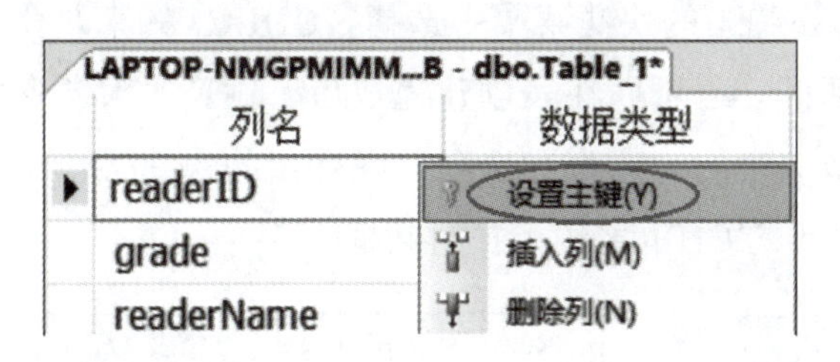

LAPTOP-NMGPMIMM...B - dbo.Table

列名	数据类型
readerID	int
grade	smallint
readerName	varchar(8)
Num	varchar(15)

图 2-19　设置主键

说明：

如果设置多列做主键，需要按住【Shift】或【Ctrl】键将需要设置的多个列同时选中，然后再右击，在弹出的快捷菜单中选择“设置主键”命令。

4. 设置默认值

在“列属性”区域可以设置默认值、标识列等。若要设置readers表的borrowNum字段默认为0，则选择borrowNum字段，在该字段的“列属性”窗口的“默认值或绑定”栏目输入0。输入时对任何类型数据都不加引号，输入完毕移动光标，系统判断该字段类型，字符型会自动加上引号，borrowNum字段为整型，不加引号，如图2-20所示。

5. 设置标识列

要求readers表中的读者编号由系统自动生成，从1号开始，按顺序每次增加1，可以设置readerID为标识列、种子1、增量1。选择readerID字段，在该字段的“列属性”区域单击“标识规范”前面的“+”号，设置“(是标识)”为“是”，“标识增量”和“标识种子”默认都是1，无须修改，如图2-21所示。

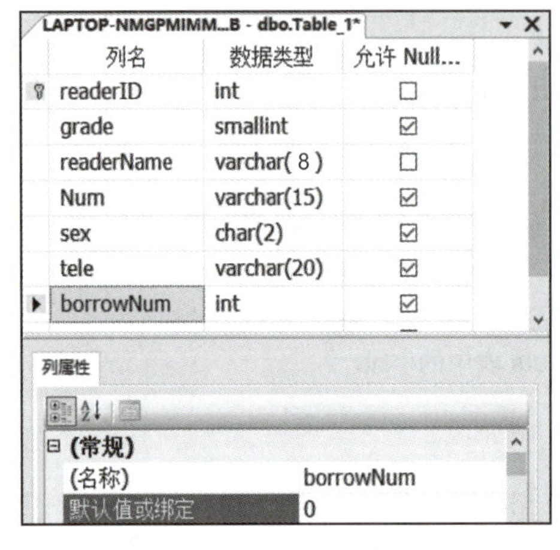

图 2-20　设置默认值

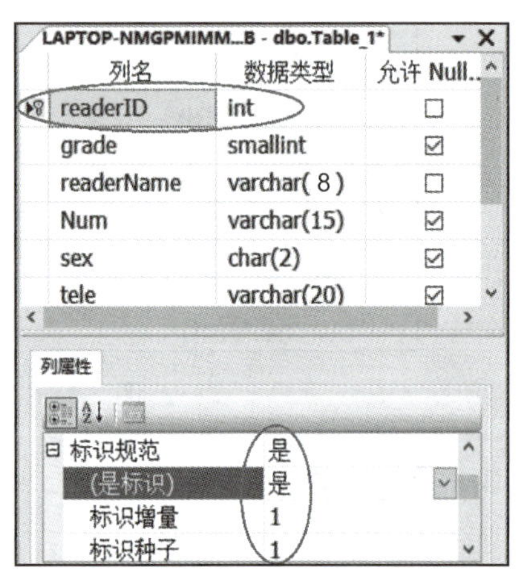

图 2-21　设置标识列

6. 增加检查约束

在表设计窗口的任意位置右击，在弹出的快捷菜单中选择“CHECK约束”命令(见图2-22)，打开检查约束设置对话框。也可以在表创建完成后，刷新“对象资源管理器”窗口，找到建好的表，右击该表的“约束”选项，在弹出的快捷菜单中选择“新建约束”命令(见图2-23)，打开“CHECK约束”对话框。

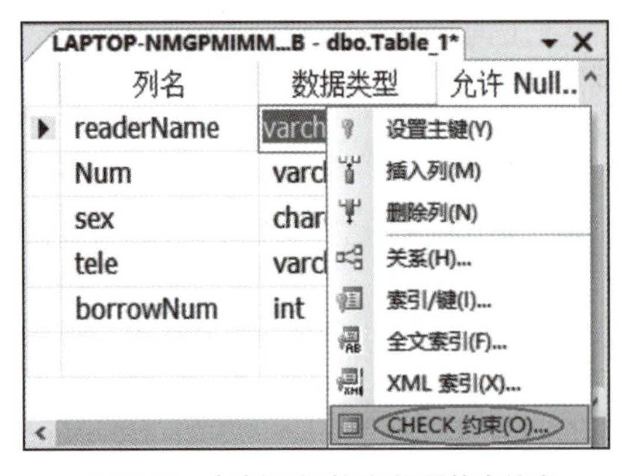

图 2-22　在表设计对话框设置检查约束

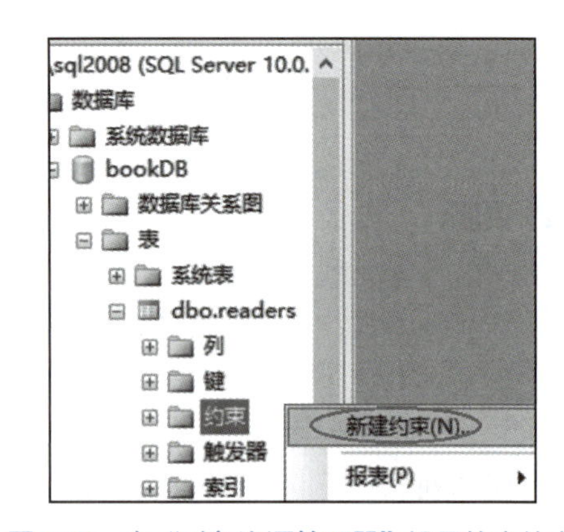

图 2-23　在“对象资源管理器”设置检查约束

在“CHECK约束”对话框单击“添加”按钮添加一个检查约束，设置约束表达式和约束名称，如图2-24所示。readers表要求性别列只能输入“男”或“女”，在栏中输入“sex='男'or sex='女'”。修改“名称”为检查约束命名，命名最好遵守一定规则，便于自己和他人阅读，例如，CK_表名_约束列名。其中CK是检查约束的缩写。

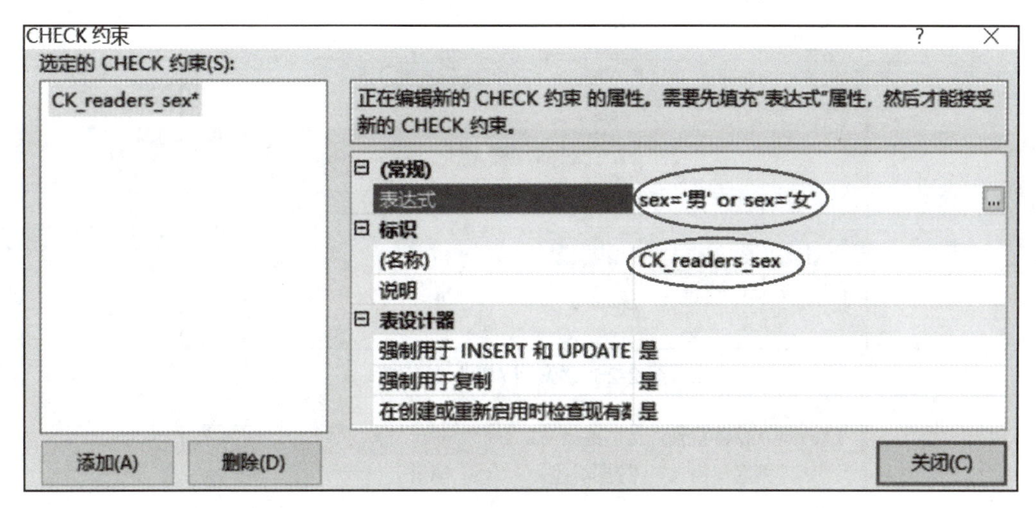

图 2-24　设置检查约束对话框

说明：

检查约束表达式必须是完整的表达式。限制Sex字段只能输入“男”或“女”，不能写为“sex='男'or'女'”，应该写为“sex='男'or sex='女'”。设置检查约束后，需要关闭表设计对话框，并且保存修改，然后刷新“对象资源管理器”窗口，才可以看到新建的检查约束。

7. 设置唯一约束

在表设计窗口的任意位置右击，在弹出的快捷菜单中选择“索引/键”命令（见图2-25），打开“索引/键”对话框。

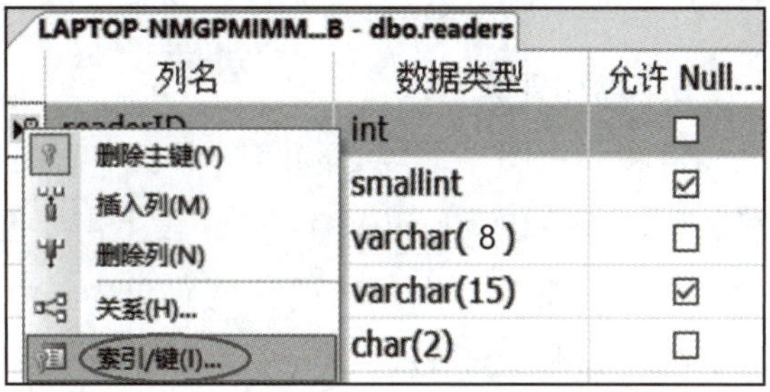

图 2-25　设置唯一约束

如图2-26所示，在“索引/键”对话框中单击“添加”按钮，增加一个新的键，在右侧窗口中设置“类型”为“唯一键”，设置“列”为需要唯一限制的列。readers表中限制教师或者学生只能注册一次，要求工号或者学号不可重复，在此选择“列”为Num，其中ASC表示升序。再按照UN_表名_列名的格式规则修改“名称”，给唯一约束起名字UN_readers_num，其中UN表示唯一约束。

8. 保存表定义

单击工具栏中的按钮，保存表。在“选择名称”对话框中输入准确的表名，如readers，不要使用默认的名字Table_1，如图2-27所示。

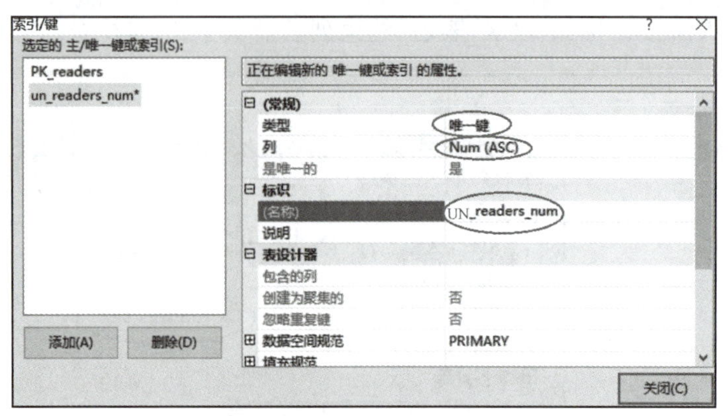

图 2-26 “索引 / 键”对话框

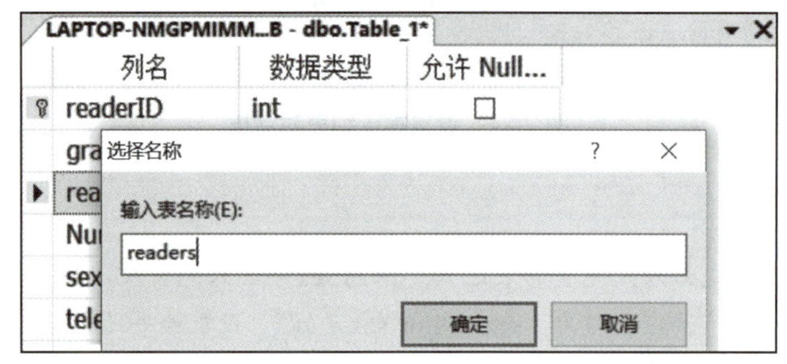

图 2-27 保存表定义

说明:

如果不单击按钮直接关闭窗口，系统会提示是否保存修改，选择“是”之后也会出现“选择名称”对话框，可以输入表的名字。

9. 增加外键

借阅表中图书编号必须是图书表中有的编号，读者编号必须是读者表中有的编号，所以bookID和readerID两个字段上需要创建两个外键，设置步骤为：右击borrow表的“键”选项，在弹出的快捷菜单中选择“新建外键”命令，打开“外键关系”对话框，如图2-28所示。

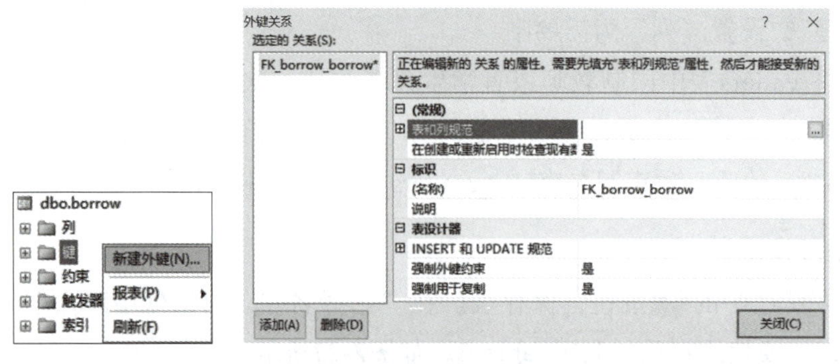

图 2-28 “外键关系”对话框

在“外键关系”对话框中单击“表和列规范”后面的[...]按钮，打开“表和列”对话框，如图2-29所示。

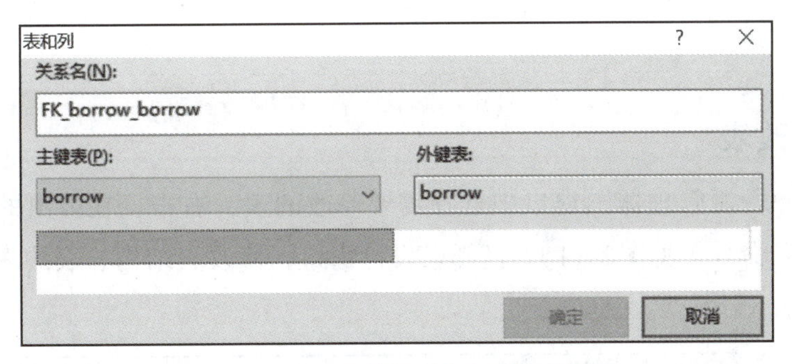

图 2-29　设置外键的“表和列”对话框

在“表和列”对话框中先设置第一个外键：从外键表borrow表的readerID字段指向主键表readers表的readerID字段，设置效果如图2-30所示。其中关系名是自动生成的，生成规则是：FK_外建表名_主键表名，FK是外键的标识。

单击“确定”按钮保存，回到“外键关系”对话框。再次单击“添加”按钮添加另一个外键，从外键表borrow表的bookID字段指向主键表books表的bookID字段，设置效果如图2-31所示。

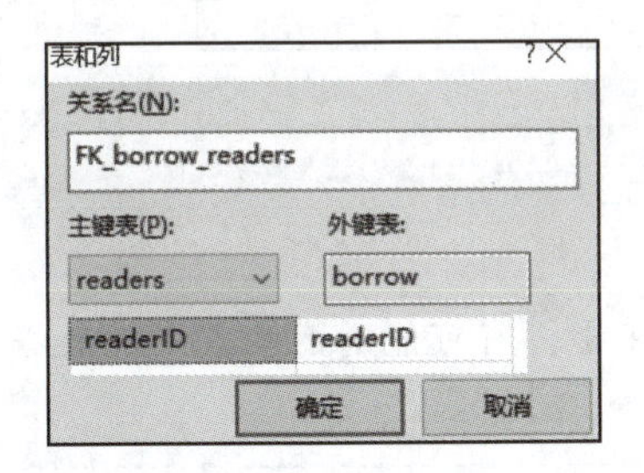

图 2-30　设置外键 FK_borrow_readers

图 2-31　设置外键 FK_borrow_books

单击“确定”按钮，关闭“外键关系”对话框，单击菜单栏中的保存按钮，打开“保存”对话框，单击“是”按钮保存，如图2-32所示。在“对象资源管理器”刷新后可以看到建好的外键，如图2-33所示。

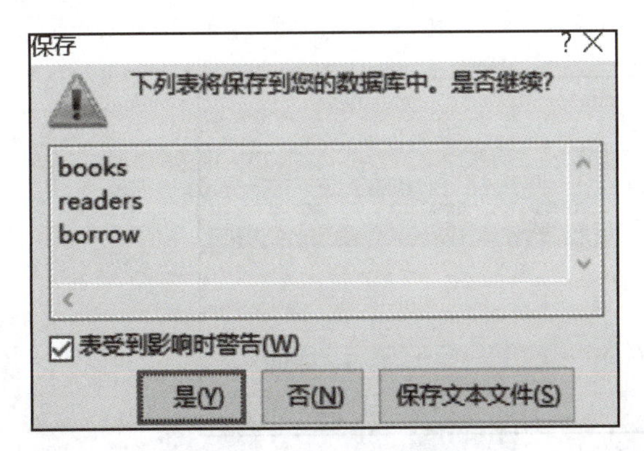

图 2-32　“保存”对话框

图 2-33　保存后查看外键

说明：

三个表的建表过程和在SSMS上设置各种约束的操作方法可以参考本章实验1提供的建表过程演示视频。

2.2.2 修改表

在“对象资源管理器”窗口中选择需要修改的表，右击，在弹出的快捷菜单中选择“设计”命令（见图2-34），打开表设计窗口，修改表结构、表约束的操作与创建表时相同。

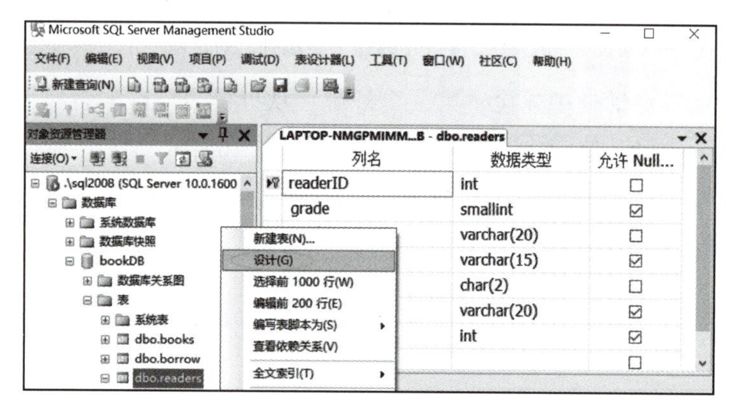

图 2-34 修改表

说明：

修改表结构，改变列的数据类型或将字段长度变小，有可能会影响表中的数据，请慎重操作。

2.2.3 删除表

在“对象资源管理器”窗口中选择需要删除的表，右击，在弹出的快捷菜单中选择“删除”命令，打开“删除对象”窗口（见图2-35），单击“确定”按钮完成删除操作。

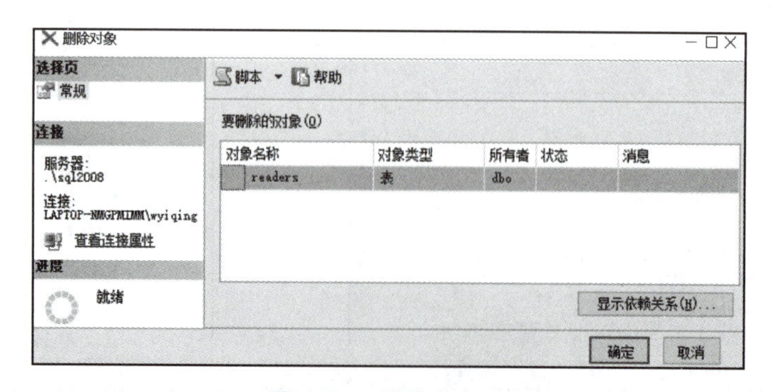

图 2-35 删除表窗口

说明：

表删除后无法恢复，请慎重操作。删除表可能会受参照完整性的制约，有外键关联的表必须先删除外键表，后删除主键表，或者先把相关外键删除再删除表。

2.3 插入、修改、删除数据

在SSMS平台“对象资源管理器”窗口中选择需要操作数据的表，如bookDB数据库中的books表，右击选择“编辑前200行”命令，打开数据编辑窗口。增加、删除、修改数据都在此窗口中直接操作，并且自动保存，如图2-36所示。

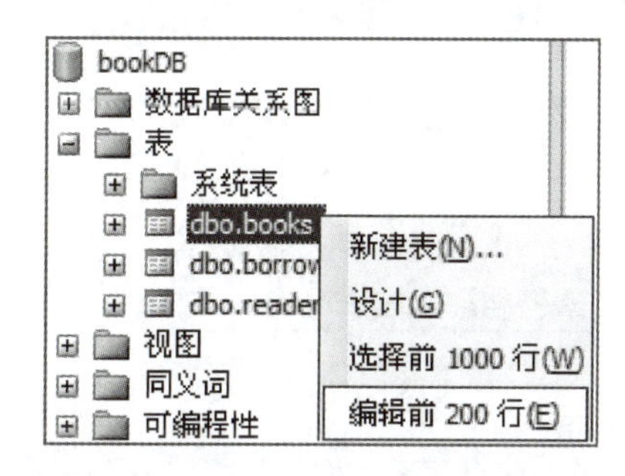

PC-20130221TO...B - dbo.books

BookID	BookName	Author	BookType	KuCunLiang
1	数据库系统概论	王珊	计算机类	12
2	细节决定成败	汪中求	综合类	4
3	C语言程序设计	乌云高娃、沈...	计算机类	7
NULL	NULL	NULL	NULL	NULL

图 2-36　编辑数据

如果需要删除数据，在数据编辑窗口选中要删除的行，右击，在弹出的快捷菜单中选择“删除”命令（见图2-37），在确认对话框中单击“是”按钮（见图2-38），即可完成删除操作，删除数据后不可恢复。

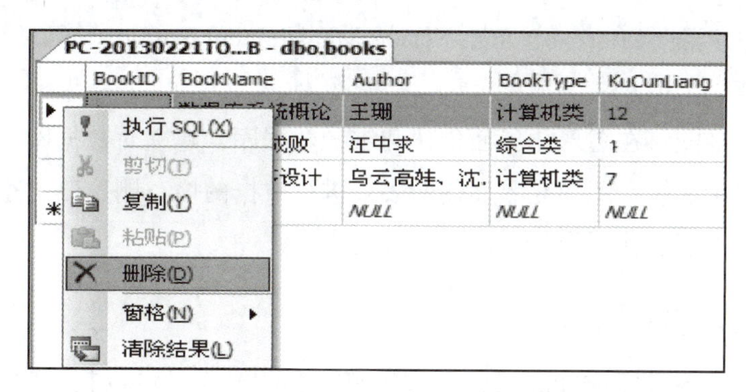

图 2-37　删除数据

图 2-38　删除数据确认

2.4 查询数据

在SSMS平台的“对象资源管理器”窗口中选择需要查询数据的表，如bookDB数据库中的books表，右击，选择“选择前1000行”命令，自动打开一个查询窗口，并直接显示出表中所有数据的查询结果，如图2-39所示。

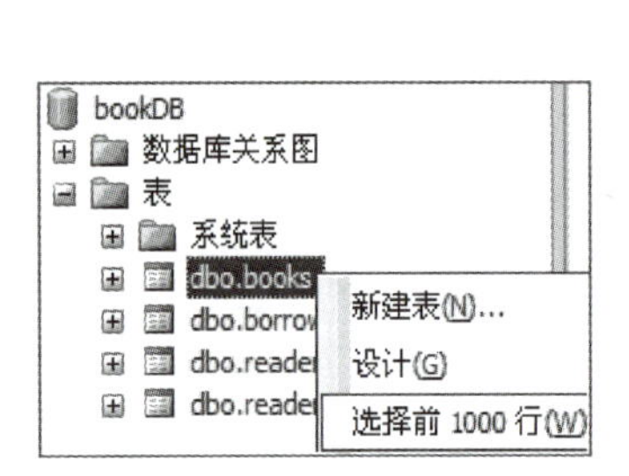

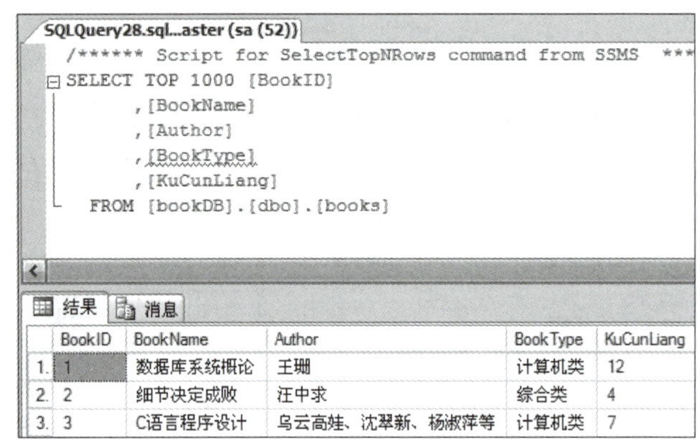

图 2-39　查询数据窗口

实验 1 SSMS 图形界面创建数据库和学生表

视 频

创建数据库

一、实验目的

（1）熟悉Microsoft SQL Server Management Studio（简称SSMS）平台的操作。

（2）能够在图形化界面创建和维护数据库，建立对数据库的感性认识。

（3）能够在图形化界面创建表，进行数据的增、删、改、查。

（4）能够在图形化界面分离数据库。

视 频

创建student表

二、实验内容

按照要求完成如下操作。如果有不会的操作，可以扫描二维码观看操作演示视频。

（1）在SSMS平台操作创建数据库，命名为“stu+自己姓名简拼”，保存在C盘。

（2）打开新创建的数据库，创建一个学生表，表名也加上自己姓名的简拼，命名为“Student+姓名简拼”，加主键、非空约束、检查约束和默认值。表结构见表2-4。

表2-4 Student+姓名简拼

列 名	数据类型	宽 度	为 空 性	说 明
Sno	int		Not Null	学号、主键
Sname	varchar	8	Not Null	姓名
Ssex	char	2		性别，限制只能输入“男”和“女”
Sage	smallint			年龄
Sdept	varchar	4		所在系，默认CS

（3）增加、修改数据（右击表名，选择“编辑前200行”命令）。

录入正确的数据，也录入错误的数据，检验主键、非空约束、默认值和检查约束的作用和效果，看懂错误提示之后，修改为正确的数据存入，数据见表2-5。最后再增加一行自己的姓名、性别、年龄等信息。

表2-5 学生表数据

Sno	Sname	Ssex	Sage	Sdept	说 明
200215121	李勇	男	20	CS	正确数据
200215122	刘晨	女	19		正确数据，Sdept默认CS
200215123	王敏	女	18	MA	正确数据
200515125	张立	男	19	IS	正确数据
200215126	萧山	F			错误数据，性别错
200215122	李世民	男			错误数据，学号重复

说明：

CS指计算机科学系，MA指数学系，IS指信息系。

（4）分离数据库。

（5）截图填写实验报告，交作业包括三个文件：实验报告、数据文件和日志文件。

思考题：

（1）字段设置为Not Null是什么意思，在录入数据时有什么影响？例如，student表中的学生姓名设置为Not Null，在录入数据时是否可以不录入学生姓名。

（2）性别列的检查约束的作用是什么？

（3）所在系默认值的效果是什么？

（4）如果不分离数据库，能否复制数据库文件。

实验 2 SSMS 图形界面管理数据库和课程表、成绩表

视 频

创建SC表

一、实验目的

（1）熟悉Microsoft SQL Server Management Studio（简称SSMS）平台的操作。

（2）能够在图形化界面创建和维护数据，建立对数据库的感性认识。

（3）能够在图形化界面创建表，进行数据的增、删、改、查。

（4）能够理解各种约束的作用。

（5）能够在图形化界面分离和附加数据库。

二、实验内容

（1）下载上次课数据文件和日志文件，附加数据库。

（2）打开数据库，继续创建课程表和成绩表，分别命名为“Course+姓名简拼”和“SC+姓名简拼”，加主键（含联合主键）、外键、非空约束等。表结构见表2-6和表2-7。

表2-6 Course+姓名简拼

列　名	数据类型	宽　度	为 空 性	说　明
Cno	int		Not Null	课程号、主键
Cname	varchar	50	Not Null	课程名
Cpno	int			先行课
Ccredit	smallint			学分

表2-7 SC+姓名简拼

列　名	数据类型	宽　度	为 空 性	说　明
Sno	int		Not Null	学号、联合主键、外键
Cno	int		Not Null	课程号、联合主键、外键
Grade	int			成绩

（3）增加、修改数据（右击表名，选择“编辑前200行”命令）。

录入正确的数据，也录入错误的数据，检验主键、联合主键、非空约束和外键的作用，看懂错误提示之后，修改为正确数据存入，数据见表2-8和表2-9。

表2-8 课程表数据

Cno	Cname	Cpno	Ccredit	说　明
1	数据库	5	4	正确数据
2	数学		2	正确数据
3	信息系统	1	4	正确数据

续表

Cno	Cname	Cpno	Ccredit	说　明
4	操作系统	6	3	正确数据
5	数据结构	7	4	正确数据
6	数据处理		2	正确数据
6	PASCAL语言	6	4	错误数据，课程号重复
8				错误数据，课程名不可以空

表2-9　成绩表数据

Sno	Cno	Grade	说　明
200215121	1	92	正确数据
200215121	2		正确数据，成绩可以空
200215121	3	90	正确数据
	2	80	错误数据，学号不可以空
200215122			错误数据，课程号不可以空
200215121	1	99	错误数据，主键冲突

（4）修改表结构。在课程表增加一列存课程学时hour int。注意：修改表结构后一定要保存修改。

（5）查询数据（右击表名，选择“选择前1000行”命令），查看表结构变化。

（6）分离数据库。

（7）截图填写实验报告，交作业包括三个文档：实验报告、数据文件和日志文件。

思考题：

（1）主键约束的效果是什么，学生表、课程表上的主键和成绩表上的联合主键效果有什么不同？

（2）举例说明外键的作用是什么？

习　题

一、选择题

1.（　　）是存储在计算机内有结构的数据的集合。

A. 数据库系统　B. 数据库　C. 数据库管理系统 D. 数据结构

2. 数据库管理系统最主要功能是（　　）。

A. 修改数据库　B. 定义数据库　C. 应用数据库　D. 保护数据库

3. 数据库（DB）、数据库系统（DBS）和数据库管理系统（DBMS）三者之间的关系是（　　）。

A. DBS包括DB和DBMS　B. DBMS包括DB和DBS

C. DB包括DBS和DBMS　　　　D. DBS就是DB，也就是DBMS

4. 数据库的特点之一是数据的共享，严格地讲，这里的数据共享是指（　　）。

A. 同一个应用中的多个程序共享一个数据集合

B. 多个用户、同一种语言共享数据

C. 多个用户共享一个数据文件

D. 多种应用、多种语言、多个用户相互覆盖地使用数据集合

5. 应用数据库的主要目的是（　　）。

A. 解决保密问题　　　　B. 解决数据完整性问题

C. 共享数据　　　　D. 解决数据量大的问题

6. 违反了主键约束，可能的操作结果是（　　）。

A. 拒绝执行　　B. 级联操作　　C. 设置为空　　D. 没有反应

7. 性别列设置了检查约束，限制只能输入“男”或“女”，如果在性别列输入一个其他字符，可能的操作结果是（　　）。

A. 拒绝执行　　B. 级联操作　　C. 设置为空　　D. 没有反应

8. 约束“主码中的属性不能取空值”，属于（　　）。

A. 实体完整性　　　　B. 参照完整性

C. 用户定义完整性　　　　D. 函数依赖

9. 要创建一个员工信息表，其中员工的薪水、医疗保险和养老保险分别采用三个字段来存储，但该公司规定：任何一位员工的医疗保险和养老保险之和不能大于其薪水的1/3。这项规定可以在创建表是采用（　　）来实现。

A. 检查约束　　B. 主键约束　　C. 默认值约束　　D. 外键约束

10. 现有两个表user表和deparment表，user表中有userid、username、salary、deptid、email字段，deparment表中有deptid、deptname字段，下面应该使用检查约束来实现的是（　　）。

A. 如果deparment表中不存在deptid为2 的记录，则不允许在user表中插入deptid为2 的数据行

B. 如果user表中已经存在userid为10的记录，则不允许在user表中再次插入userid为10的数据行

C. user表中的salary（薪水）值必须在1000以上

D. 若user表中email列允许为空，则向user表中插入数据时，可以不输入email的值

第3章 数据定义

SQL（Structured Query Language，结构化查询语言）：功能强大的关系数据库标准语言，它不仅包括数据查询功能，还包括数据定义、数据操纵、数据控制、事务处理等功能。

SQL的特点：综合统一，高度非过程化，面向集合的操作方式，以同一种语法结构提供多种使用方式，语言简洁，易学易用。

数据定义包括定义数据库、定义模式、定义表、定义索引、定义视图等，本章介绍如何使用SQL语句定义数据库和表。

3.1 定义数据库

3.1.1 创建数据库

1. 创建数据库的语法

```
CREATE  DATABASE < 数据库名 >
[ [ ON  [ Primary ] ]
(
[  NAME =< 数据文件逻辑文件名 >]
[,FILENAME =<' 数据文件物理文件名 '>]
[,SIZE =< 数据文件初始大小 >]
[,MAXSIZE =< 数据文件最大大小 >]
[,FILEGROWTH< 数据文件增长比例 >]  [,…n ]
) ]
[ LOG ON
(
[  NAME =< 日志文件逻辑文件名 >]
[,FILENAME =<' 日志文件物理文件名 '>]
[,SIZE =< 日志文件初始大小 >]
[,MAXSIZE =< 日志文件最大大小 >]
[,FILEGROWTH< 日志文件增长比例 >] [,…n ]
) ]
```

说明：

语法中方括号[ ]中包含的是可选参数，尖括号< >表明此处需要自定义。ON [Primary]表示该数据文件在Primary主文件组，可省略Primary，SQL Server中可以设置默认文件组。LOG ON表示开始定义日志文件。SQL不区分大小写，本书将关键字大写是为了区分关键字和用户输入的信息，实际使用时大小写都可以。

2. 创建数据库的例题

例题3-1 以最简单的SQL语句创建MyDB1数据库。

```
代码：CREATE  DATABASE  MyDB1          -- 只给出数据库名称，其他用默认设置
```

说明：

在SSMS中新建一个查询窗口，打开master数据库，执行上述语句即可创建MyDB1数据库。创建完成后在“对象资源管理器”窗口中右击“数据库”，在弹出的快捷菜单中选择“刷新”命令进行刷新，即可看到刚创建的MyDB1数据库。进入MyDB1数据库的“属性”窗口，可以看到数据库文件存放路径为SQL Server的安装目录，如图3-1所示。

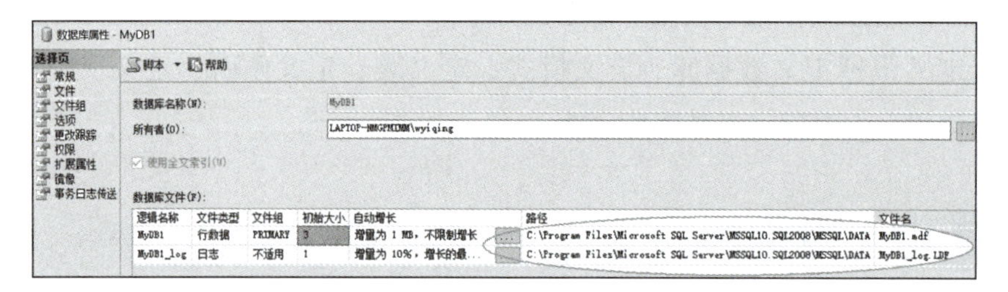

图 3-1　查看 MyDB1 数据库属性

例题3-2 指定文件名和文件存储位置创建数据库（不指定大小\增长方式等）。创建数据库MyDB2，数据文件的逻辑名称为MyDB2_dat，物理文件名为MyDB2.mdf，存储在D:\DataBase目录下。

```
代码：CREATE  DATABASE  MyDB2
      ON
      (NAME = MyDB2_dat,                    -- NAME 指定数据文件逻辑名称
      FILENAME = 'D:\DataBase\MyDB2.mdf')   -- FILENAME 指定数据文件物理文件名
                                            -- 需要先建 D:\DataBase 文件夹
```

说明：

按照例题3-1的“说明”中的步骤执行语句，并打开MyDB2数据库的“属性”窗口，看到数据库文件存放路径为语句中指定的D:\DataBase（需要事先创建文件夹），而不是SQL Server安装目录，数据文件的逻辑名和物理名是语句中定义的名字，而日志文件的逻辑名和物理名是根据数据库名称自动生成的，文件初始大小和自动增长属性等与model系统数据库一致，如图3-2所示。

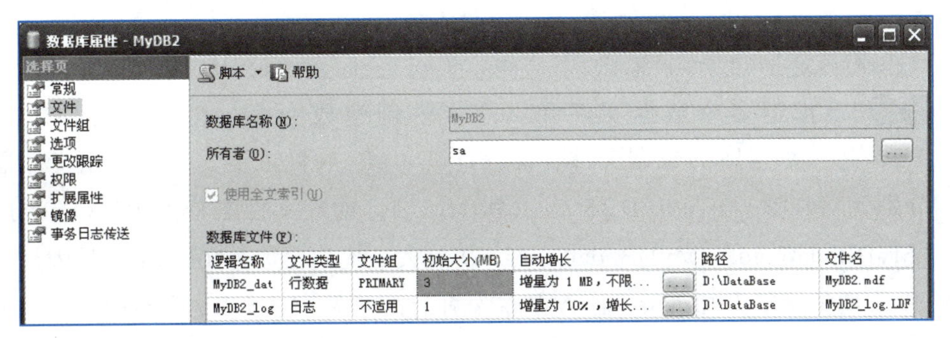

图 3-2　查看 MyDB2 数据库属性

例题3-3 指定数据文件的属性创建数据库。创建数据库MyDB3，将该数据库的数据文件存储在C盘根目录下，数据文件的逻辑名称为MyDB3_dat，物理文件名为MyDB3.mdf，初始大小为4 MB，最大尺寸为10 MB，增长速度为1 MB。

```
代码：CREATE  DATABASE  MyDB3
      ON
      (NAME = MyDB3_dat,                     --指定数据文件逻辑名称
      FILENAME = 'C:\MyDB3.mdf',             --指定数据文件路径和物理文件名
      SIZE = 4MB,                            --指定数据文件初始大小 4 MB
      MAXSIZE = 10MB,                        --指定数据文件最大值 10 MB
      FILEGROWTH = 1)                        --指定数据文件增长比例为 1 MB
```

说明：

按照例题3-1的“说明”中步骤执行语句，并打开MyDB3数据库“属性”窗口，可以看到数据库文件存放路径为语句中指定的C盘根目录，数据文件的逻辑名、初始大小、自动增长属性、物理名都是按照语句中定义的，而日志文件属性是系统默认的。

例题3-4 指定数据文件和日志文件属性创建数据库。创建数据库MyDB4，将该数据库的数据文件存储在D:\DataBase目录下，数据文件的逻辑名称为MyDB4_data，物理文件名为MyDB4_data.mdf，初始大小为10 MB，最大尺寸为无限大，增长速度为10%；该数据库的日志文件的逻辑名称为MyDB4_log，物理文件名为MyDB4_log.ldf，初始大小为3 MB，最大尺寸为5 MB，增长速度为1 MB。

```
代码：CREATE  DATABASE  MyDB4
      ON
      (NAME = MyDB4_data,                    --半角逗号分隔
      FILENAME = 'C:\MyDB4_data.mdf',        --半角引号
      SIZE = 10MB,
      MAXSIZE = UNLIMITED,
      FILEGROWTH = 10%)                      --注意后面没有逗号
      LOG  ON
      (NAME = MyDB4_log,                     --半角逗号分隔
      FILENAME = 'D:\DataBase\ MyDB4_log.ldf',   --半角引号
      SIZE = 3MB,
```

```
        MAXSIZE = 5MB,
        FILEGROWTH = 1MB)                              -- 注意后面没有逗号
```

例题3-5 指定多个数据文件和日志文件创建数据库。创建多文件数据库MyDB5，将该数据库的数据文件存储在D:\DataBase目录下，三个数据文件逻辑名称分别为MyDB5_1、MyDB5_2、MyDB5_3，物理文件名分别为MyDB5dat1.mdf、MyDB5dat2.ndf、MyDB5dat3.ndf，初始大小统一设置为100 MB，最大尺寸为200 MB，增长速度为20 MB；该数据库含两个日志文件，逻辑名称分别为MyDB5_log1、MyDB5_log2，物理文件名分别为MyDB5log1.ldf、MyDB5log2.ldf，初始大小为10 MB，最大尺寸为20 MB，增长速度为2 MB。

```
代码：CREATE  DATABASE  MyDB5
      ON  Primary                              --Primary 为默认的文件组，可省略
      (NAME = MyDB5_1,                         -- 第一个数据文件
      FILENAME = 'D:\DataBase\MyDB5dat1.mdf',
      SIZE = 100MB,
      MAXSIZE = 200MB,
      FILEGROWTH = 20MB),
      (NAME = MyDB5_2,                         -- 第二个数据文件
      FILENAME = 'D:\DataBase\MyDB5dat2.ndf',
      SIZE = 100MB,
      MAXSIZE = 200MB,
      FILEGROWTH = 20MB),
      (NAME = MyDB5_3,                         -- 第三个数据文件
      FILENAME = 'D:\DataBase\MyDB5dat3.ndf',
      SIZE = 100MB,
      MAXSIZE = 200MB,
      FILEGROWTH = 20MB)
      LOG ON
      (NAME = MyDB5_log1,                      -- 第一个日志文件
      FILENAME = 'D:\DataBase\MyDB5log1.ldf',
      SIZE = 10MB,
      MAXSIZE = 20MB,
      FILEGROWTH = 2MB),
      (NAME = MyDB5_log2,                      -- 第二个日志文件
      FILENAME = 'D:\DataBase\MyDB5log2.ldf',
      SIZE = 10MB,
      MAXSIZE = 20MB,
      FILEGROWTH = 2MB)
```

例题3-6 使用自定义文件组创建数据库。创建多文件数据库MyDB6，分三个文件组进行管理，每个文件组包含两个数据文件，存放在不同磁盘。其中，Primary文件组和MyDB6_Group1文件组，存放在D盘DataBase目录下，MyDB6_Group2文件组存放在E盘DataBase目录下，日志文件存储在D:\DataBase目录下。

```
代码：CREATE  DATABASE  MyDB6
      ON  Primary                              -- 默认 Primary 文件组，可省略
      (NAME = MyDB6_11_dat,
```

```
FILENAME = 'D:\DataBase\MyDB6_11.mdf',
SIZE = 10 MB,
MAXSIZE = 50MB,
FILEGROWTH = 15%),
(NAME = MyDB6_12_dat,
FILENAME = 'D:\DataBase\MyDB6_12.ndf',
SIZE = 10MB,
MAXSIZE = 50MB,
FILEGROWTH = 15%),
FILEGROUP MyDB6_Group1          --MyDB6_Group1 文件组，存放在 D 盘
(NAME = MyDB6_21_dat,
FILENAME = 'D:\DataBase\MyDB6_21.ndf',
SIZE = 10MB,
MAXSIZE = 50MB,
FILEGROWTH = 5),
(NAME = MyDB6_22_dat,
FILENAME = 'D:\DataBase\MyDB6_22.ndf',
SIZE = 10MB,
MAXSIZE = 50MB,
FILEGROWTH = 5),
FILEGROUP MyDB6_Group2          --MyDB6_Group2 文件组，存放在 E 盘
(NAME = MyDB6_31_dat,
FILENAME = 'E:\DataBase\MyDB6_31.ndf',
SIZE = 10MB,
MAXSIZE = 50MB,
FILEGROWTH = 5),
(NAME = MyDB6_32_dat,
FILENAME = 'E:\DataBase\MyDB6_32.ndf',
SIZE = 10MB,
MAXSIZE = 50MB,
FILEGROWTH = 5)
LOG ON                          -- 日志文件，存放在 D 盘
(NAME = 'MyDB6_log',
FILENAME = 'D:\DataBase\MyDB6log.ldf',
SIZE = 5MB,
MAXSIZE = 25MB,
FILEGROWTH = 5MB)
```

例题3-7 先判断数据库是否存在再创建。创建数据库MyDB7之前，先判断该数据库是否已经存在，如果已经存在则先删除再创建，否则直接创建。

```
代码: USE  master -- 打开系统数据库 master，以便访问 sysdatabases 系统表
      GO          -- 多条语句以 GO 分割，可以进行批处理
      IF EXISTS (SELECT  *  FROM  sysdatabases  WHERE  name = 'MyDB7')
        DROP  DATABASE  MyDB7
      GO
      CREATE  DATABASE  MyDB7
      ON
      (NAME = MyDB7_data,                          -- 主数据文件的逻辑名
       FILENAME = 'D:\DataBase\MyDB7_data.mdf',    -- 主数据文件的物理名
       SIZE = 10 MB,                               -- 主数据文件初始大小
```

```
FILEGROWTH = 20 %)                                    -- 主数据文件的增长率
LOG ON
(NAME = MyDB7_log,
 FILENAME = 'D:\DataBase\MyDB7_log.ldf',
 SIZE = 3MB,
 MAXSIZE = 20MB,
 FILEGROWTH = 1MB)
GO
```

说明：

此代码可以多次执行，不管数据库是否存在，都能创建成功。例题3-1~例题3-6的代码只能执行一次，再次执行会出错，因为数据库已经存在，不可以再创建同名数据库。

例题3-8 使用SQL语句创建bookDB数据库，创建两个数据文件、两个日志文件，文件都保存在D:\DataBase\bookDB文件夹中。

```
代码：USE  master
GO
IF EXISTS (SELECT  *  FROM  sysdatabases  WHERE  name = 'bookDB')
  DROP  DATABASE  bookDB
GO
CREATE  DATABASE  bookDB
ON
(NAME = bookDB_data1,                          -- 主要数据文件逻辑名
 FILENAME = 'D:\DataBase\bookDB\bookDB_data1.mdf'),
                                               -- 主要数据文件物理名
(NAME = bookDB_data2,                          -- 次要数据文件逻辑名
FILENAME = 'D:\DataBase\bookDB\bookDB_data2.ndf')
                                               -- 次要数据文件物理名
LOG ON
(NAME = bookDB_log1,
FILENAME = 'D:\DataBase\bookDB\bookDB_log1.ldf'),
(NAME = bookDB_log2,
FILENAME = 'D:\DataBase\bookDB\bookDB_log2.ldf')
GO
```

3.1.2 修改数据库

1. 修改数据库的语法

```
ALTER  DATABASE < 数据库名 >
{ ADD  FILE <数据文件参数>[,...n ]                  -- 增加数据文件
| ADD  LOG  FILE <日志文件参数>[,...n ]             -- 增加事务日志文件
| REMOVE  FILE  数据文件逻辑名称                     -- 删除数据文件，文件必须为空
| ADD  FILEGROUP  文件组名                          -- 增加文件组
| REMOVE  FILEGROUP  文件组名                       -- 删除文件组，文件组必须为空
| MODIFY  FILE <数据文件参数>                        -- 修改文件属性
| MODIFY NAME = 新数据库名                           -- 数据库更名
| SET< 参数 >                                       -- 数据库参数设置
}
```

2. 修改数据库的例题

例题3-9 增加数据文件。bookDB数据库经过一段时间的使用后，数据量不断增大，致使数据文件过大，现需要增加一个数据文件，存储在D:\DataBase\bookDB文件夹，数据文件的逻辑名称为bookDB_data3，物理文件名为bookDB_data3.ndf，初始大小为10 MB，最大尺寸为2 GB，增长速度为10%。

```
代码：ALTER  DATABASE  bookDB
      ADD  FILE
      (NAME = bookDB_data3,
      FILENAME = 'D:\DataBase\bookDB\bookDB_data3.ndf',
      SIZE = 10MB,
      MAXSIZE = 2GB,
      FILEGROWTH = 10%)
```

例题3-10 增加日志文件。bookDB数据库原有两个日志文件，现为其再增加一个5 MB的日志文件。

```
代码：ALTER  DATABASE  bookDB
      ADD  LOG  FILE
      (NAME = bookDB_log3,
      FILENAME = 'D:\DataBase\bookDB\bookDB_log3.ldf ',
      SIZE = 5MB)
```

例题3-11 删除数据文件。从bookDB数据库中删除一个名为bookDB_data3的数据文件。

```
代码：ALTER  DATABASE  bookDB
      REMOVE  FILE  bookDB_data3                  --删除数据文件，文件必须为空
```

说明：

数据文件中没有表才可以删除。系统自动控制，不会因为错误地删除了数据文件而造成数据丢失。

例题3-12 删除日志文件。从bookDB数据库中删除一个名为bookDB_log3的日志文件。

```
代码：ALTER  DATABASE  bookDB
      REMOVE  FILE  bookDB_log3
```

例题3-13 增加文件组。为bookDB数据库增加一个文件组bookDB_Group1，增加两个数据文件放在该文件组中，并将该文件组设置为默认文件组。

```
代码：--  添加文件组
      ALTER  DATABASE  bookDB
      ADD  FILEGROUP  bookDB_Group1
      GO
      --  添加数据文件到文件组
      ALTER  DATABASE  bookDB
```

```
ADD  FILE
(NAME = bookDB_data4,
FILENAME = 'D:\DataBase\bookDB\bookDB_data4.ndf',
SIZE = 5MB,
MAXSIZE = 100MB,
FILEGROWTH = 5MB
),
(NAME = bookDB_data5,
 FILENAME = 'D:\DataBase\bookDB\bookDB_data5.ndf',
 SIZE = 5MB,
 MAXSIZE = 100MB,
 FILEGROWTH = 5MB
)
TO  FILEGROUP  bookDB_Group1
GO
--  指定默认文件组
ALTER  DATABASE  bookDB
MODIFY  FILEGROUP  bookDB_Group1  Default
GO
```

例题3-14 删除文件组。将bookDB数据库中的文件组bookDB_Group1删除。

```
代码：ALTER  DATABASE  bookDB
      REMOVE  FILEGROUP  bookDB_Group1
                                   -- 文件组为空，且不是默认文件组才可删除
      GO
```

说明：

删除文件组之前必须先删除该文件组中的数据文件，文件组为空，并且不是默认文件组才可删除。而改变默认文件组的操作要在删除文件组中全部数据文件之前完成。

改变默认文件组的代码如下：

```
ALTER  DATABASE  bookDB  MODIFY  FILEGROUP  [Primary]  Default
```

删除该文件组中数据文件的代码如下：

```
ALTER  DATABASE  bookDB  REMOVE FILE  bookDB_data4
ALTER  DATABASE  bookDB  REMOVE FILE  bookDB_data5
```

例题3-15 修改数据文件。

（1）修改数据库文件的初始大小。将bookDB数据库的bookDB_data2数据文件初始大小改为20 MB。

```
代码：ALTER  DATABASE  bookDB
      MODIFY  FILE
      (NAME = bookDB_data2,              -- 指定要修改的数据文件名
      SIZE = 20MB)                       -- 只能增大不可缩小，改小使用收缩功能
      GO
```

（2）修改数据库数据文件的增长方式。将bookDB数据库的数据文件bookDB_data2的文件增长设置为每次增长15%。

```
代码：ALTER  DATABASE  bookDB
      MODIFY  FILE
      (NAME = bookDB_data2,
      FILEGROWTH = 15 %)
```

（3）修改数据库的默认文件组。将bookDB数据库的Primary文件组设置为默认文件组。

```
代码：ALTER  DATABASE  bookDB
      MODIFY  FILEGROUP  [Primary]  Default
```

说明：

设置Primary文件组为默认文件组时，需要用方括号把Primary括上。设置自定义文件组为默认文件组时则可省略方括号。自定义文件组设置为默认文件组时必须已经包含数据文件。

（4）修改数据库参数。

①将bookDB数据库设为只有一个用户可访问。

```
代码：ALTER  DATABASE  bookDB
      SET  single_user
```

②将bookDB数据库设为多用户可访问。

```
代码：ALTER  DATABASE  bookDB
      SET  multi_user
```

③设置bookDB数据库可自动收缩。

```
代码：ALTER  DATABASE  bookDB
      SET  auto_shrink  ON
```

例题3-16 更改数据库名称。

（1）使用SQL语句将bookDB数据库改名为NewDB。

```
代码：ALTER  DATABASE  bookDB
      MODIFY NAME = NewDB
      GO
```

（2）使用系统存储过程将NewDB数据库再改名为bookDB。

```
代码：sp_renamedb  NewDB,bookDB
      GO
```

3.1.3 删除数据库

1. 删除数据库的语法

```
DROP  DATABASE <数据库名>
```

2. 删除数据库的例题

例题3-17 删除单个数据库。

```
代码：DROP  DATABASE  MyDB1
```

例题3-18 删除多个数据库。

```
代码：DROP  DATABASE  MyDB2, MyDB3
```

例题3-19 先判断数据库存在再删除。

```
代码：USE  master    --设置当前数据库为master，以便访问sysdatabases系统表
     GO
     IF  EXISTS (SELECT  *  FROM  sysdatabases  WHERE  name = 'MyDB4')
     DROP  DATABASE  MyDB4
```

说明：

不能删除正在使用的数据库，删除数据库之前需要关闭所有使用该数据库的连接。

3.1.4 打开数据库

1. 打开数据库的语法

```
USE <数据库名>
```

2. 打开数据库的例题

例题3-20 打开bookDB数据库。

```
代码：USE  bookDB
```

3.2 定义表

3.2.1 创建表

1. 创建表的语法

```
CREATE  TABLE <表名>
(<列名><数据类型> [  identity [ (seed,increment) ] [ {,<列级约束>} ]
[,…n]  [{,<表级约束>} ] )
```

说明：

常用数据类型及其含义见附录B。创建表语法中的[identity（seed，increment）]用于指定标识列，seed表示标识种子，increment表示增量。

约束分为列级约束和表级约束，涉及一个列的约束可以定义为列级约束，也可以定义为表级约束；涉及多个列的约束必须定义为表级约束。列级约束直接写在列定义后面，和列定义之间用空格分隔。如果一个列上有多个约束，中间也用空格分隔，一个列上的所有约束都定义完成之后，用逗号分隔再定义下一个列。所有列定义完成之后，用逗号分隔再定义表级约束，表级约束要写列名，表示是在哪些列上定义约束。定义约束的语句中“[constrain<约束名>]”是可选项，用于为定义的约束命名，省略此项则由系统自动命

名。如果后期需要用SQL语句修改或删除表的约束，需要使用constrain语句自己命名约束。

关系型数据库有三类完整性约束：

（1）实体完整性：用于保证表中每一行数据在表中是唯一的，并且不能为空值。实体完整性通过主键约束来实现。主键约束定义格式如下：

定义列级约束：[Constraint<约束名>] Primary key

定义表级约束：[Constraint<约束名>] Primary key（<列名>[，{<列名>}]）

（2）参照完整性：用于保证表之间数据的一致性。当在表中更新、删除、插入数据时，通过引用被参照表中的数据来检查数据操作是否正确。参照完整性是通过外键约束实现的。外键约束定义格式如下：

定义列级约束：[Constraint<约束名>] Foreign key references<被参照表>（<列名>）

定义表级约束：[Constraint<约束名>] Foreign key（<列名>）references<被参照表>（<列名>）

违反参照完整性的默认策略是拒绝执行（no action），但定义外键时还可以在后面加上[on delete | update cascade | set null] 选项，设置删除或修改被参照表数据时，级联操作参照表中数据。

（3）用户定义完整性：除了主键、外键之外的完整性约束都属于用户定义完整性。它反映某一具体应用所涉及的数据必须满足的语义要求。例如，某个属性必须取唯一值，某个非主属性也不能取空值，某个属性的取值范围限定特定的范围等。常用的有Not Null（非空）约束、Unique（唯一性）约束、Check（检查）约束、Default（默认值）约束等。非空约束和默认值约束一般定义为列级约束，直接在列定义后面加Not Null表示非空，加Default（<默认值>）表示默认值约束。默认值约束用在修改表结构语句中，格式为：[constrain<约束名>] Default（<默认值>）for 列名；检查约束定义为列级约束和表级约束的格式相同，都必须写完整的表达式，格式为：[Constraint<约束名>]Check（<条件>）。唯一性约束定义格式如下：

定义列级约束：[constrain<约束名>] Unique

定义表级约束：[constrain<约束名>] Unique（<列名>[，{<列名>}]）

2. 创建表的例题

例题3-21 使用SQL语句创建stuDB数据库，并在stuDB数据库中创建三张表：Student（学生）表、Course（课程）表、SC（成绩）表，表结构见表3-1~表3-3。

表3-1　Student（学生）表

列　名	数据类型	宽　度	为 空 性	说　明
Sno	int		Not Null	学号，主键、标识列（种子1001，增量1）
name	varchar	8	Not Null	学生姓名
Sex	char	2	Not Null	性别，取值“男”或“女”
Nation	varchar	20		民族，默认“汉族”
Birthday	date			出生日期

表3-2　Course（课程）表

列　名	数据类型	宽　度	为 空 性	说　明
Cno	int		Not Null	课程号，主键、标识列（种子1，增量1）
Cname	varchar	50	Not Null	课程名，唯一键
hours	smallint			学时，取值范围1~200
credit	decimal	3，1		学分，取值范围1~4
Semester	varchar	8		开课学期

表3-3　SC（成绩）表

列　名	数据类型	宽　度	为 空 性	说　明
Cno	int		Not Null	课程号，联合主键，外键，关联课程表的课程号
Sno	int		Not Null	学号，联合主键，外键，关联学生表的学号
Grade	int			成绩

（1）创建stuDB数据库的代码如下：

```
USE  master
GO
IF EXISTS (SELECT  *  FROM  sysdatabases  WHERE  name = 'stuDB')
  DROP  DATABASE  stuDB                       --如果数据库已经存在，先删除后创建
GO
CREATE  DATABASE  stuDB                       --创建数据库
ON
(NAME  =  'stuDB',                            -数据文件逻辑名
 FILENAME  =  'D:\stuDB.mdf')                 --数据文件物理名，保存在D盘根目录
LOG ON
(NAME  =  'stuDB_log',                        --日志文件逻辑名
 FILENAME  =  'D:\stuDB_log.ldf')             --日志文件物理名，保存在D盘根目录
GO
```

（2）创建第一张表——Student表的代码如下：

```
USE  stuDB                                    --打开数据库
GO
IF EXISTS  (SELECT  *  FROM  INFORMATION_SCHEMA. TABLES
     WHERE  TABLE_NAME = 'Student')
  DROP  TABLE Student                         --如果Student表已经存在，先删除
GO
CREATE  TABLE  Student                        --创建学生表
(
Sno int Not Null Primary key identity(1001,1),
                                              --学号，主键，标识列（种子，增量）
Name varchar(8)NOT Null,                      --学生姓名
Sex char(2)NOT Null Check(Sex = '男' or Sex = '女'),
                                              --性别，取值"男"或"女"
Nation varchar(20)Default('汉族'),            --民族，默认"汉族"
```

```
Birthday date                                  -- 出生日期
)
GO
```

说明：

系统视图INFORMATION_SCHEMA. TABLES中存储所有表的信息，删除表之前在系统视图中查询该表是否存在，如果存在先删除再创建。

Student学生表中用到的约束有非空约束Not Null、主键约束Primary key、默认值约束Default、检查约束Check。Student表建表语句中的约束都定义为列级约束，使用系统默认的约束名。一个列多个约束之间用空格分隔。学号定义为标识列，自动生成值。

数据类型char型与varchar型比较，char型是定长字符串，不管数据多少位，都占固定空间，一般用于存储长度固定的数据，例如“性别”取值只有男或女，固定是一个汉字，定义为char(2)；varchar型是变长字符串，存几位就占几位的空间，一般用于存储长度不固定的数据。查找数据时char型比varchar型速度稍快些。

（3）创建第二张表——Course表的代码如下：

```
IF  EXISTS (SELECT  *  FROM  INFORMATION_SCHEMA. TABLES
    WHERE  TABLE_NAME = 'Course')
  DROP  TABLE  Course                          -- 如果 Course 表已经存在，先删除
GO
CREATE  TABLE  Course                          -- 创建课程表
(
   Cno int  Not Null  Primary key  identity(1,1),
                                               -- 课程号，主键，标识列（种子，增量）
   Cname varchar(50)Not Null  Unique,          -- 课程名，唯一键
   hours smallint,                             -- 学时，取值范围 1~200
   credit smallint,                            -- 学分，取值范围 1~4
   Semester  varchar(8),                       -- 开课学期
   Check (hours>=1 and hours<=200),
   Constraint CK_credit Check(credit>=1 and credit<=4)
)
GO
```

说明：

Course表建表语句中的约束有非空约束、主键约束、唯一键约束、检查约束，其中只有检查约束定义为表级约束。在hours（学时）列上的检查约束没有使用Constraint子句，由系统定义约束名，credit（学分）列上的检查约束使用Constraint子句自命名为CK_credit。创建完成后在“对象资源管理器”中刷新表信息，可以看见创建的约束。如图3-3所示，可以看到，只有自命名的credit列上的检查约束名字比较短，其他约束由系统默认随机生成较长的约束名，每一次创建都会有不同的约束名。

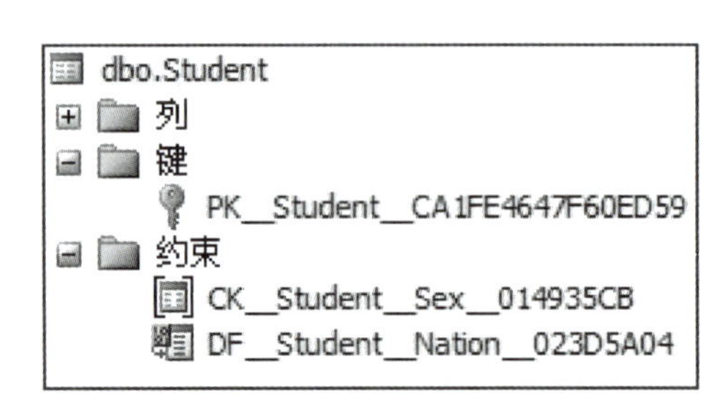

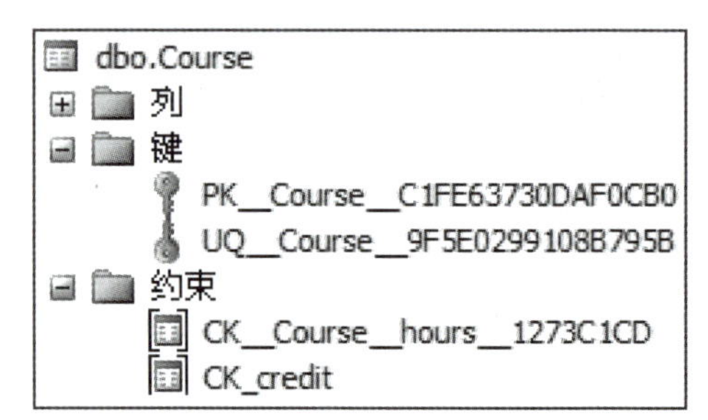

图 3-3　Student 表和 Course 表约束

（4）创建第三张表——SC表的代码如下：

```
IF EXISTS (SELECT * FROM INFORMATION_SCHEMA. TABLES
     WHERE  TABLE_NAME = 'SC')
  DROP  TABLE  SC                   --如果 SC 表已经存在，先删除
GO
CREATE  TABLE  SC                   --创建成绩表
(
    CnointNot Null,                 --课程号，联合主键、外键，关联课程表课程号
    SnointNot Null Foreign key references Student(Sno),
                                    --学号，联合主键、外键，关联 Student 表学号
    Gradeint,                       --成绩
    Primary key(Cno,Sno),           --创建表级约束-联合主键
    Constraint  fk_SC_Course  Foreign key(Cno)references  Course(Cno)
                                    --建表级外键约束
)
```

说明：

SC表上有主键约束和两个外键约束。该表的主键是联合主键，包括两个列，必须定义为表级约束。外键约束可以定义为列级，也可以定义为表级，这里将两个外键用两种方式定义，Sno（学号）列上的外键定义在列级，Cno（课程号）列上的外键定义在表级，并且使用Constraint子句自定义了约束名。表创建完成后在“对象资源管理器”看到约束效果如图3-4所示。可以看到，主键和Sno（学号）列上的外键都是由系统随机命名，不好记忆，如果需要在后期用SQL语句修改或删除表的约束，需要使用Constraint子句自定义约束名。

图 3-4　SC 表主外键

例题3-22 在bookDB数据库中创建三张表：readers（读者）表、books（图书）

表、borrow（图书借阅）表，表结构参见表2-1~表2-3。

（1）创建bookDB数据库的代码如下：

```
USE  master
GO
IF EXISTS (SELECT  *  FROM  sysdatabases  WHERE  name='bookDB')
  DROP  DATABASE  bookDB
GO
CREATE DATABASE  bookDB
ON (name = bookDB,
    Filename = 'd:\bookDB.mdf')
GO
```

说明：

本例题将bookDB数据库文件保存在D盘根目录下，如果需要保存到专门的文件夹中，可以将数据库分离后移动，然后再附加。提示：要先创建数据库再创建表，不要将表建在系统数据库中。

（2）创建第一张表——readers表的代码如下：

```
USE  bookDB                                  -- 打开 bookDB 数据库
GO
IF EXISTS (SELECT * FROM INFORMATION_SCHEMA. TABLES
           WHERE TABLE_NAME = 'readers')
  DROP  TABLE  readers                       -- 如果 readers 表已经存在，先删除
GO
CREATE TABLE readers                         -- 创建读者表
(
   readerID    int not null primary key identity(1,1),
                                             -- 读者编号、主键、标识列
   grade       smallint,                     -- 读者年级，如 2023 级学生填 2023
   readerName  varchar(20)not null,          -- 读者姓名
   num         char(15)  Unique,             -- 教师工号或者学生学号，唯一
   sex         char(2)Default('男')Check(sex='男' or sex='女'),
                                             -- 读者性别，默认'男'
   Tele        varchar(20),                  -- 读者电话
   borrowNum   int Default(0)                -- 借书数量，默认 0
)
```

说明：

如果未执行打开数据库的语句，有可能将表建到master系统数据库中。

readers读者表上的约束有非空约束、主键约束、默认值约束。读者编号设置为标识列，初始值是1，每次自动增加1。SQL Server中设置为标识列的字段必须是整型，设置为标识列后由系统自动生成值，不需要手工录入。但要注意：如果增加数据时出错，也会占用标识列生成值，造成编号不连续。

（3）创建第二张表——books表的代码如下：

```
IF EXISTS (SELECT * FROM INFORMATION_SCHEMA. TABLES
    WHERE TABLE_NAME = 'books')
  DROP  TABLE  books                          -- 如果books表已经存在，先删除
GO
CREATE  TABLE  books                          -- 创建图书表
(
  bookID       intnot null  primary key  identity(1,1),
                                              -- 图书编号、主键、标识列
  bookName     varchar(50)  not null,         -- 图书书名
  Author       varchar(100)  not null,        -- 图书作者
  bookType     varchar(50),                   -- 图书类型
  Inventory    int  Default(5)                -- 图书库存量，默认5本
)
```

说明：

books图书表中有非空约束、主键约束、默认值约束，都定义在列级。图书编号（bookID）列上有多个约束，用空格分隔，该列所有约束定义完成后用逗号分隔，开始下一个列的定义。最后一个列定义完毕，后面没有表级约束的定义，不需要再写逗号。

（4）创建第三张表——borrow 表的代码如下：

```
IF EXISTS (SELECT  *  FROM  INFORMATION_SCHEMA. TABLES
          WHERE TABLE_NAME = 'borrow')
  DROP  TABLE  borrow                         -- 如果borrow表已经存在，先删除
GO
CREATE  TABLE  borrow                         -- 创建图书借阅表
(
  bookID      int    notn ull,                -- 图书编号、联合主键、外键
  readerID    int    notn ull,                -- 读者编号、联合主键、外键
  status      char(4) Default('初借'),        -- 借阅状态、默认为"初借"
  borrowDate  datetime   Default(getdate()),-- 借阅时间
  Constraint pk_borrow  primary key  (bookID,readerID),
  Constraint fk_borrow_books  Foreign Key(bookID)References  books(bookID)
     ON  UPDATE  cascade                      -- 设置级联更新
     ON  DELETE  cascade,                     -- 设置级联删除
  Constraint fk_borrow_readers  Foreign Key(readerID)References  readers(readerID)
     ON  UPDATE  cascade                      -- 设置级联更新
)
```

说明：

非空约束和默认值约束定义为列级约束，联合主键涉及多个列，必须定义为表级约束，外键约束因为语句比较长，在此也定义为表级约束。

用户进行数据增删改操作时，DBMS自动检查数据是否违反约束，违反实体完整性和用户定义完整性的操作都是拒绝执行，只有违反参照完整性可以有三个选择。参照完整性违约处理策略默认是拒绝执行（no action），但还可以设置为级联操作（cascade）和

设置为空值（SET Null）。SC成绩表上的两个外键都是默认设置，违反了就拒绝执行，borrow表中的第一个外键bookID上的设置是ON UPDATE cascade、ON DELETE cascade，效果是：如果修改图书表中bookID，自动同步修改borrow表中对应的bookID；如果删除图书表中的图书信息，自动级联删除borrow表中该书的借阅记录。第二个外键readerID上的设置是ON UPDATE cascade，效果是：如果修改读者表中readerID，自动同步修改borrow表中相应readerID；但删除操作还是默认的拒绝执行，删除读者表中的读者信息时，如果该读者在borrow表中有借书记录，则不允许删除。外键设置还有一个设置为空值（SET Null）的选项，但要求该列允许有空值，而且必须符合现实语义。

nvarchar与varchar、nchar与char都表示字符型，前一组是变长字符串，后一组是定长字符串。nvarchar和nchar这对带n的数据类型采用Unicode国际通用字符集，对所有字符都采用双字节存储。例如，nvarchar(4)存储英文字母最多可以存4个，存汉字也最多存4个汉字。而varchar和char这对数据类型存汉字占两个字节，存英文字母和数字只占一个字节。varchar（4）最多可以存储4个英文字母，或者2个汉字。设计数据库时一般使用varchar型和char型，可以节省空间。如果涉及跨平台使用数据库，或者多个数据库之间转换数据，最好都用nvarchar型和nchar型，避免因字符集不同造成乱码。

例题3-23 对计算列使用表达式。

```
代码：CREATE  TABLE  Salarys
     (姓名    varchar(10),
      基本工资 money,
      奖金     money,
      总计     AS 基本工资 + 奖金)
```

说明：

Salarys表中“总计”字段的值是由基本工资+奖金计算而来，是计算列，不需要人工录入该列值，会自动根据公式计算存储。

例题3-24 创建临时表。

```
代码：CREATE  TABLE  #students
     (学号 varchar(8),
      姓名 varchar(10),
      性别 varchar(2),
      班级 varchar(10)
     )
```

说明：

创建临时表与创建正式表方法一样，只是临时表名称前面要加#或##，#表示是本地临时表，##表示是全局临时表。临时表在数据库关闭时自动删除，正式表建好后永久存在，除非人工删除。

3.2.2 修改表

1. 修改表的语法

```
ALTER  TABLE <表名>
[ ADD  <列定义> [,...n ]                          -- 添加列 ]
[ DROP  COLUMN<列名> [,...n ]                     -- 删除列 ]
[ ALTER  COLUMN <列名><列属性>                    -- 修改列定义 ]
[ ADD  CONSTRAINT  约束名 约束类型 具体的约束说明 ]
[ DROP  CONSTRAINT  约束名 ]
```

说明：

不可用ALTER TABLE 语句修改表名和列名，可在管理平台上修改表名和列名，或者使用系统存储过程修改。

2. 修改表的例题

例题3-25 在bookDB数据库的Borrow表中增加一个还书时间字段ReturnDate，日期时间型，允许为空。

```
代码: USE  bookDB
      GO
      ALTER  TABLE  borrow
      ADD  ReturnDate  datetime  Null           --还书时间
```

例题3-26 在stuDB数据库的Student表中增加一个班级字段class，可变字符型，长度为10，不允许为空。

```
代码: USE  stuDB
      GO
      ALTER  TABLE  Student
      ADD  class  varchar(10)NOT  Null          --班级
```

例题3-27 在Student表中删除刚增加的班级字段class。

```
代码: ALTER  TABLE  Student
      DROP  COLUMN  class
```

例题3-28 在Course表中，将Semester（开课学期）的数据类型由字符varchar型改为smallint型。

```
代码: ALTER  TABLE  Course
      ALTER  COLUMN  Semester  smallint
```

说明：

修改字段数据类型和长度有可能会造成数据丢失，要慎重。

例题3-29 在Course表中，Cname（课程名称）字段长度原为varchar（50），实际课程名最长只有20个汉字，需要40位，现修改Cname字段长度为varchar（40），并且不允许为空。

```
代码：ALTER  TABLE  Course
      ALTER  COLUMN  Cname  varchar(40)NOT  Null
```

说明：

一定要确认表中该字段没有空数据才可以为其设置非空约束，否则会出错。如果该字段上建有其他约束，也可能会造成修改失败。例如，Cname列上有唯一约束，影响修改列定义，可以先将该约束删除，修改完毕后再重建。

例题3-30 bookDB数据库中borrow表中有borrowDate（借书时间）字段，读者借书时存储当前借书时间。每次手工输入比较麻烦。请修改表结构，为该字段增加默认值约束，默认是当前时间。

```
代码：USE  bookDB
      GO
      ALTER  TABLE  borrow
      ADD  Constraint  DE_borrowDate  Default(getdate())for borrowDate
```

说明：

增加或删除约束都需要修改表结构。系统函数getdate()能够取出系统当前时间。

例题3-31 用SQL语句将StuDB数据库中的Course表Cname列上的唯一键约束删除，再用SQL语句重新创建该唯一约束，并命名为UQ_Course_Cname。

```
代码：ALTER  TABLE  Course
      DROP  Constraint  UQ_Course_9F5E0299108B795B
      GO
      ALTER  TABLE  Course
      ADD  Constraint  UQ_Course_Cname  Unique  (Cname)
      GO
```

说明：

UQ_Course_9F5E0299108B795B是系统随机生成的约束名，需要在SSMS上查看才知道名字，而且很长不容易记忆。对于需要使用SQL语句删除或修改的约束，最好使用Constraint子句自定义约束名。

例题3-32 用SQL语句将bookDB数据库中readers表上的num列设置唯一键，限制一名学生或一名老师只能注册一个读者身份，并命名为UQ_readers_num。

```
代码：USE  bookDB
      GO
      ALTER  TABLE  readers
      ADD  Constraint  UQ_readers_num  Unique(num)
      GO
```

说明:

本例题使用Constraint子句自定义约束名字UQ_readers_num。

例题3-33 为StuDB数据库课程表Course的Semester（开课学期）列定义检查约束，限制该列最小值为1，最大值为8，否则拒绝输入（Semester列已经修改为smallint 类型）。

代码:
```
ALTER  TABLE  Course
ADD  Constraint  CK_Semester  Check(Semester>=1  and  Semester<=8)
```

说明:

本科4年共8个学期。增加检查约束，让系统自动控制输入数据的范围，避免人为输入错误数据。

例题3-34 使用SQL语句删除StuDB数据库SC表上受Course表制约的外键约束，然后再重新创建。

代码:
```
ALTER  TABLE  SC
DROP  Constraint  fk_SC_Course
GO
ALTER  TABLE  SC
ADD  Constraint  fk_SC_Course  Foreign KEY(Cno)REFERENCES  Course(Cno)
GO
```

说明:

SC表上有外键指向Course表，有可能造成删除Course表失败，如果要删除Course表再重新创建，就需要先删除SC表，或者删除SC表上指向Course表的外键，重建好Course表后再重新创建SC表上的相关外键。

例题3-35 为StuDB数据库的课程表Course添加主键约束，限制课程号不允许为空，并且唯一。事先在SSMS的“对象资源管理器”窗口中将课程表Course的主键删除，然后执行如下代码。

代码:
```
ALTER  TABLE  Course
ADD  Constraint  PK_Course  Primary  KEY(Cno)
```

说明:

在SSMS上删除课程表Course主键失败，原因是SC表上有外键关联到Course表，所以重新创建课程表Course主键的步骤是：第一步，删除SC表Cno列上的外键；第二步，删除Course表的主键；第三步，重新创建Course表主键；第四步，重新创建SC表外键。

删除不同的约束，语句都是一样的，按约束名删除即可，但增加约束的语句有所不同，本章对增加各种约束的操作都给出了例题。

3. 拓展

使用系统存储过程修改表列名：sp_rename '表名. 原列名', '新列名', 'COLUMN'

使用系统存储过程修改表名：sp_rename 原表名，新表名

例题3-36 修改Student表，将学生姓列名由name改为Sname，然后再改回原名。

```
代码：sp_rename  'Student.name','Sname','COLUMN'
                                        --将学生姓名列由 name 改为 Sname
      sp_rename  'Student.Sname','name','COLUMN'
                                        --将列名由 Sname 改为 name
```

例题3-37 将Student表的名字改为newStudent，然后再改回Student。

```
代码：sp_rename  Student,newStudent   --将表名由 Student 改为 newStudent
      sp_rename  newStudent,Student   --将表名由 newStudent 改回 Student
```

说明：

在SQL Server中，使用ALTER TABLE语句不能修改表名和字段名，可以在SSMS平台上修改，或者用系统存储过程sp_rename修改。

3.2.3 删除表

1. 删除表的语法

```
DROP  TABLE <表名>
```

2. 删除表的例题

例题3-38 删除stuDB数据库中的Student表。

```
代码 1：USE  stuDB
        GO
        DROP  TABLE  Student
        GO
代码 2：DROP  TABLE  stuDB. dbo. Student
```

说明：

受SC表上外键的制约，会造成Student表删除失败，需要先删除外键表SC表，再删除主键表Student表。或者先删除SC表上的相关外键，然后再删除主键表。注意：系统表不能使用DROP TABLE语句删除。

如果当前打开的不是stuDB数据库，可以使用完整的路径删除Student表，格式为：所在数据库名.模式名.表名，代码2就是这种方式。代码1中的DROP TABLE Student只能在已经打开stuDB数据库时执行。

实验 3 数据定义

数据定义

一、实验目的

（1）能够熟练使用SQL语句创建、修改和删除数据库。

（2）能够熟练使用SQL语句创建、修改和删除表。

（3）能够熟练使用SQL语句创建和维护表中约束。

二、实验内容

销售数据库中有四张表：员工表、商品表、客户表和订单表。员工表、商品表和客户表三个表之间没有联系，三个表都与订单表有一对多的联系，订单表中记载每一笔销售订单信息，包括哪位员工将哪种商品销售给了哪个客户，并记录销售数量和销售日期。四个表之间的联系如图3-5所示。

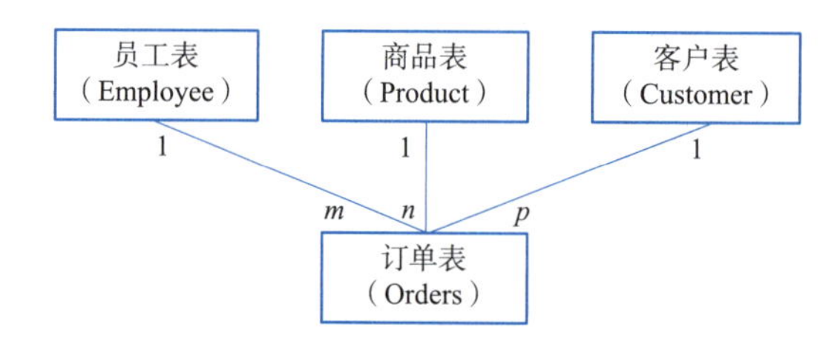

图 3-5 销售数据库四个表之间的联系

（1）使用SQL语句创建销售数据库，数据库名字为Sales+姓名简拼，保存在C盘根目录下，数据文件初始大小3 MB，增长率10%。

（2）使用USE 命令打开刚创建的数据库。

（3）使用SQL语句在刚创建的数据库中创建四张表，并增加约束，表结构见表3-4~表3-7，创建的表名字上都要加上姓名简拼。

表3-4 员工表

表名：Employee+姓名简拼

字段名称	类型宽度	约 束	字段说明
EID	int	not null 主键	员工号
EName	varchar（50）	not null	员工姓名
Sex	char（2）	not null，约束为'男'或'女'	性别
HireDate	smalldatetime		聘任日期
Salary	money		工资

表3-5　商品表

表名：Product+姓名简拼

字段名称	类型宽度	约　束	字段说明
PID	int	not null 主键	商品编号
PName	varchar（50）	not null	商品名称
Price	Decimal（8，2）		单价
StockNumber	int		现有库存量
SellNumber	int		已销售数量

表3-6　客户表

表名：Customer+姓名简拼

字段名称	类型宽度	约　束	字段说明
CID	int	not null 主键	客户编号
CName	varchar（50）	not null	客户名称，唯一
Phone	varchar（20）		联系电话
Address	varchar（100）		客户地址
Email	varchar（50）		客户Email

表3-7　订单表

表名：Orders+姓名简拼

字段名称	类型宽度	约　束	字段说明
ID	int	not null 主键	订单编号
EID	int	来自员工表的外键	员工号
PID	int	来自商品表的外键	商品编号
CID	int	来自客户表的外键	客户编号
Number	int		订货数量
Date	smalldatetime		订货日期，默认当前日期

（4）在数据库名字上右击，在弹出的快捷菜单中选择“刷新”命令，在“表”中查看创建的四张表。

（5）使用SQL语句删除员工表，查看语句运行效果。

思考题：

（1）查看附录B中常用数据类型的说明，说一下数据类型varchar和char的用法和区别，何时使用int，何时使用Decimal。

（2）说一下四个表之间的联系是如何体现的。

（3）建表时是否有顺序的要求，哪个表必须最后创建，删除表时是否有顺序要求。

习　题

一、选择题

1. SQL具有（　　）的功能。

   A. 关系规范化、数据操纵、数据控制

   B. 数据定义、数据操纵、数据控制

   C. 数据定义、关系规范化、数据控制

   D. 数据定义、关系规范化、数据操纵

2. SQL具有两种使用方式，分别称为交互式SQL和（　　）。

   A. 提示式SQL　　B. 多用户SQL　　C. 嵌入式SQL　　D. 解释式SQL

3. 现有如下关系：患者（患者编号，患者姓名，性别，出生日期，所在单位）、医疗（患者编号、医生编号、医生姓名，诊断日期，诊断结果）。其中，医疗关系中外键是（　　）。

   A. 患者编号　　B. 患者姓名

   C. 患者编号和患者姓名　　D. 医生编号和患者编号

二、判断题

1. 打开数据库的命令是USE DATABASE 数据库名。（　　）

2. 一个数据库可以包含多个数据库文件，但只能包含一个事务日志文件。（　　）

3. 主键列上可以再创建唯一约束。（　　）

4. 关于外键和相应的主键之间的关系，要求外键列一定要与相应的主键列同名，并且唯一。（　　）

5. 关于主键与外键之间关系，在定义外键时，应该首先定义外键约束，然后定义主键表的主键约束。（　　）

文件

习题解析

第4章 数据更新

数据更新又称数据操纵，包括在表中插入数据、修改数据和删除数据三个操作。

4.1 插入数据

1. 插入数据的语法

插入具体数值的插入数据基本语法如下：

```
INSERT  [ INTO ]  表名 [ 字段列表 ]  VALUES  (值1, 值2, 值3...)
```

插入查询结果的插入数据基本语法如下：

```
INSERT  [ INTO ]  表名 [ 字段列表 ]  SELECT  字段列表  FROM
        表  WHERE 筛选条件
```

视 频

数据更新-插入数据

2. 导出参考脚本

如果不能按照语法熟练地写出插入数据语句，可以借助SSMS平台上的导出脚本功能，导出的脚本既有详细语法格式，也有数据类型提示，还可以省去写表名、字段名的麻烦。

操作过程如图4-1所示，在SSMS平台“对象资源管理器”窗口中选择需要插入数据的表，如bookDB数据库中的books表，右击，在弹出的快捷菜单中选择“编写表脚本为”→“INSERT到”→“新查询编辑器窗口”命令。

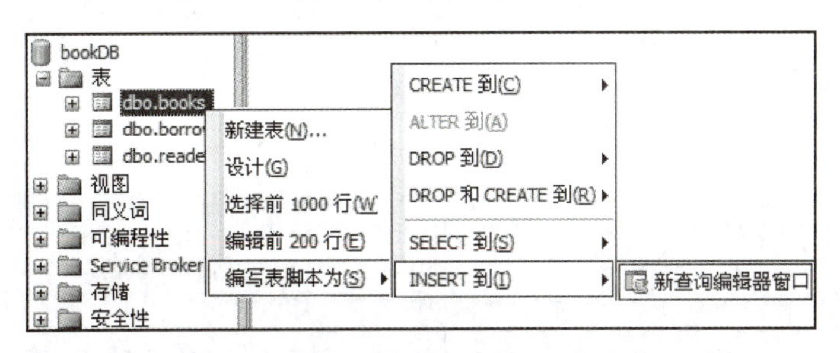

图 4-1　导出建表脚本

导出的books表插入数据脚本见表4-1。

表4-1 导出的books表插入数据脚本

代　码	说　明
INSERT INTO [bookDB].[dbo].[books] ([bookName] ,[author] ,[bookType] ,[inventory])	books是表名 以下几行是字段列表，如果要为表中所有字段赋值，可省略字段列表
VALUES (<bookName, varchar(50),> ,<author, varchar(100),> ,<bookType, varchar(50),> ,<inventory, int, >) GO	VALUES后面给出具体要插入表中的数据，数值含义要与表中字段一一对应

说明：

图书编号bookID列为标识列，是由系统自动生成和插入数据，不可人工输入数据，所以导出的INSERT语句脚本中没有图书编号bookID列。

要求：在图书表books中存入表4-2中的图书信息。

表4-2 图书信息

图书编号	图书书名	图书作者	图书类型	图书库存量
1	数据库系统概论	王珊	计算机类	10
2	细节决定成败	汪中求	综合类	2
3	C语言程序设计	乌云高娃、沈翠新等	计算机类	5
4	SQL Server数据库实用案例教程	王雪梅等	计算机类	3

根据导出的脚本中VALUE语句的提示，在相应位置输入具体数据。例如，<BookName，varchar（50），>表示此处输入图书书名，为可变长字符类型，最多可输入50个字符或25个汉字。把包括前后尖括号在内的所有内容替换为具体数据“数据库系统概论”，字符型数据需要用半角单引号引上；<inventory，int，>表示此处输入图书库存量，整型，替换为10。数值型和money货币型数据直接写，不加引号，日期型和字符型数据加半角单引号。替换完成的代码见表4-3。

表4-3 替换后的代码

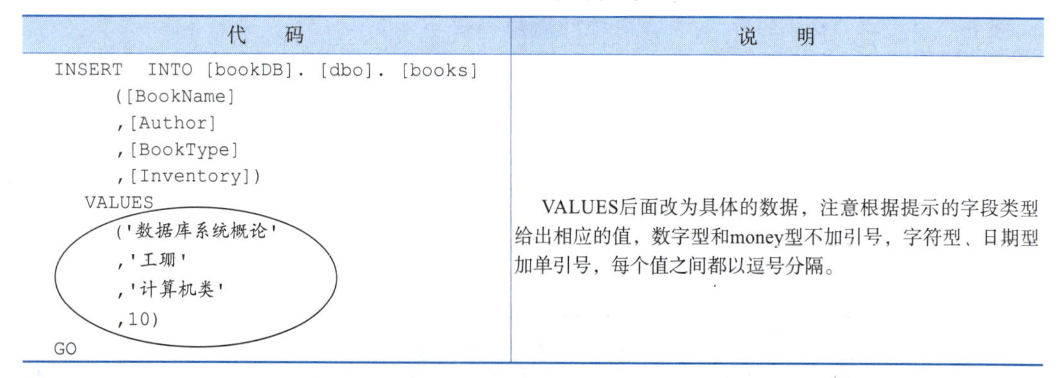

代　码	说　明
INSERT INTO [bookDB]. [dbo]. [books] ([BookName] ,[Author] ,[BookType] ,[Inventory]) VALUES ('数据库系统概论' ,'王珊' ,'计算机类' ,10) GO	VALUES后面改为具体的数据，注意根据提示的字段类型给出相应的值，数字型和money型不加引号，字符型、日期型加单引号，每个值之间都以逗号分隔。

将代码合并，并将所有方括号[ ]都去掉。简化后的代码如下：

```
INSERT  INTO  books (BookName, Author, BookType, inventory)
   VALUES ('数据库系统概论','王珊','计算机类',10)
```

对照表结构，可以看出此插入数据语句是按照表中字段定义的顺序为每个字段赋值的。在这种情况，可以省略表名books后的字段名列表，语句可再次简化如下：

```
INSERT  INTO  books  VALUES ('数据库系统概论','王珊','计算机类',10)
```

语句修改完毕，单击工具栏中的✔按钮，分析该语句语法是否正确，分析通过后复制该条语句，修改为不同的数据，可以插入多条记录。例如：

```
INSERT  INTO  books  VALUES ('数据库系统概论','王珊','计算机类',10)
INSERT  INTO  books  VALUES ('细节决定成败',汪中求'','综合类',2)
INSERT  INTO  books  VALUES ('C语言程序设计','乌云高娃、沈翠新等','计算机类',5)
INSERT  INTO  books  VALUES ('SQL Server数据库实用案例教程','王雪梅等','计算机类',3)
```

在SQL Server 2005以前的版本，一条INSERT INTO...VALUES语句只能插入一行数据，但在SQL Server 2008以后的版本，一条INSERT INTO... VALUES语句可插入多行数据。可以继续将语句简化为：

```
INSERT  INTO  books  VALUES ('数据库系统概','王珊','计算机类',10),
('细节决定成败','汪中求','综合类',2),('C语言程序设计','乌云高娃、沈翠新等','
计算机类',5),('SQL Server数据库实用案例教程','王雪梅等',' 计算机类',3)
```

只用一组INSERT INTO... VALUES语句插入多组数据，每组数据之间以逗号分隔，实现批量插入数据，简化了插入数据的语句。

语句编写完毕，再次单击工具栏中的✔按钮，分析该语句语法是否正确，分析通过后单击工具栏中的 ! 执行(X) 按钮，执行INSERT语句，将数据存入books表中。在“对象资源管理器”窗口中选择bookDB数据库的books表，右击，在弹出的快捷菜单中选择“选择前1000行”命令，打开浏览窗口，查看表中已经存入的数据，如图4-2所示。

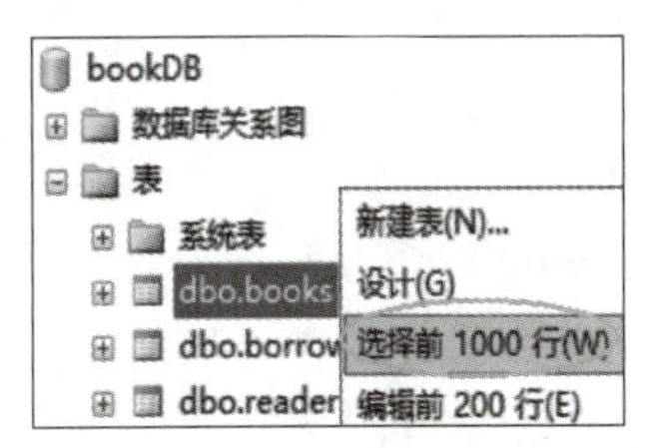

（a）选择“选择前1000行”

结果 | 消息

	bookID	bookName	author	bookType	inventory
1	1	数据库系统概论	王珊	计算机类	10
2	2	细节决定成败	汪中求	综合类	2
3	3	C语言程序设计	乌云高娃、沈翠新等	计算机类	5
4	4	SQL Server数据库实用案例教程	王雪梅等	计算机类	3

（b）表中已经存入的数据

图 4-2 查询表中数据

说明：

执行此条INSERT INTO语句的前提是已经打开books表所在的bookDB数据库。如果未打开bookDB数据库，需要在表名前面加上“数据库名.模式名.”，执行效果是一样的。修改语句如下：

```
INSERT  INTO  bookDB. dbo. books  VALUES
('数据库系统概论','王珊','计算机类'10)
```

3. 插入数据的例题

例题4-1 给所有列插入数据。使用SQL语句在读者表reader中插入表4-4中的数据。

表4-4 读者信息

读者编号	年　级	读者姓名	学　号	性　别	电　话	借书数量
1	2015	田湘	2015111011	男	1234567××××	0
2	2014	李大海	2014010001	女	5678901××××	0
3	2013	周杰	2013030011	男	1357924××××	0
4	2016	王海涛	2016070155	男	2468013××××	0
5	2015	欧阳苗苗	2015091088	女	10101011××××	0

方法一：每次插入一行。对照readers表的表结构发现，题目中给出的数据顺序与表中字段定义顺序完全一致，而且给出了所有字段的值，因此可以省略表名后面的字段列表。代码如下：

```
INSERT  INTO  readers  VALUES (2015,'田湘','2015111011','男','1234567××××',0)
INSERT  INTO  readers  VALUES (2014,'李大海','2014010001','女','5678901××××',0)
INSERT  INTO  readers  VALUES (2013,'周杰','2013030011','男','1357924××××',0)
INSERT  INTO  readers  VALUES (2016,'王海涛','2016070155','男','2468013××××',0)
INSERT  INTO  readers  VALUES (2015,'欧阳苗苗','2015091088','男','10101011××××',0)
```

语句执行完毕查询表中数据，如图4-3所示。

	readerID	grade	readerName	num	sex	tele	borrowNum
1	1	2015	田湘	2015111011	男	1234567××××	0
2	2	2014	李大海	2014010001	女	5678901××××	0
3	3	2013	周杰	2013030011	男	1357924××××	0
4	4	2016	王海涛	2016070155	男	2468013××××	0
5	5	2015	欧阳苗苗	2015091088	男	10101011××××	0

图 4-3　readers 表中数据

说明：

readers表中读者编号是标识列，自动生成值，所以不需要插入该列的值。

再次强调，插入数据语句“INSERT INTO 表名（字段名列表）VALUES（值列表）”中，如果VALUES子句给出了表中所有字段的值，而且值的顺序与表中定义字段的顺序一致，则表名后面的“（字段名列表）”可以省略，否则不可省略。但是，建议读者尽量不要省略表名后面的字段名列表，采用“INSERT INTO 表名（字段名列表）”的形式，一方面可以灵活设置输入数据的个数和顺序，另一方面还可以保证数据逻辑独立性。例如，表中增加字段，如果程序中用“INSERT INTO 表名（字段名列表）”的形式，则增加多少字段都不会影响程序的执行；如果程序中用省略表名后面字段名列表的形式，哪怕只增加一个字段，也会造成程序执行错误，因为字段数与后面的值不匹配。

方法二：一个INSERT INTO语句插入多行数据，每组数据之间用半角逗号分隔。简化后的代码如下：

```
INSERT  INTO  readers  VALUES(2015,'田湘','2015111011','男','12345678901',0),
                       (2014),'李大海','2014010001','女','56789012345',0),
                       (2013),'周杰','2013030011','男','13579246801',0),
                       (2016),'王海涛','2016070155','男','24680135792',0),
                       (2015),'欧阳苗苗','2015091088','男','101010111000',0)
```

说明：

再次强调，插入数据语句“INSERT INTO表名（字段名列表）VALUES（值列表）”中，如果VALUES子句给出了表中所有字段的值，而且值的顺序与表中定义字段的顺序一致，则表名后面的“（字段名列表）”可以省略，否则不可省略。但是，建议读者尽量不要省略表名后面的字段名列表，采用“INSERT INTO名（字段名列表）”的形式，一方面可以灵活设置输入数据的个数和顺序，另一方面还可以保证数据逻辑独立性。例如，表中增加字段，如果程序中用“INSERT INTO表名（字段名列表）”的形式，则增加多少字段都不会影响程序的执行；如果程序中用省略表名后面字段名列表的形式，哪怕只增加一个字段，也会造成程序执行错误，因为字段数与后面的值不匹配。

例题4-2 给部分列插入数据。使用SQL语句在读者表readers中插入表4-5中的数据。

表4-5　读者信息

读者姓名	学　号	性　别	电　话
古天	2015111012	男	11111111××××
东方明珠	2014010002	女	3333333××××
杨海霞	2013030012	女	5555555××××

代码如下：

```
INSERT  INTO  readers(readerName, num, sex, tele)
  VALUES  ('古天','2015111012','男','111111111111'),
          ('东方明珠','2014010002','女','33333333333'),
          ('杨海霞','2013030012','女','55555555555')
```

语句执行完毕查询表中数据，如图4-4所示。

	readerID	grade	readerName	num	sex	tele	borrowNum
1	1	2015	田湘	2015111011	男	1234567××××	0
2	2	2014	李大海	2014010001	女	5678901××××	0
3	3	2013	周杰	2013030011	男	1357924××××	0
4	4	2016	王海涛	2016070155	男	2468013××××	0
5	5	2015	欧阳苗苗	2015091088	男	10101011××××	0
6	6	NULL	古天	2015111012	男	11111111××××	0
7	7	NULL	东方明珠	2014010002	女	3333333××××	0
8	8	NULL	杨海霞	2013030012	女	5555555××××	0

图 4-4　readers 表中数据

说明：

本例题只给出读者的部分信息，所以此条语句不可以省略字段名列表，需要将要输入数据的字段名依次列出。使用INSERT语句给表中部分列输入数据的前提条件是没有给出数据的列允许为空，或者设置了Not Null约束但是可以自动赋值。图4-4中，readers 表中没有给出数据的三列是：readerID是标识列，自动生成读者编号，年级grade列允许空值，借书数量borrowNum 列设置了默认值，自动赋值0。

VALUES语句后面给出的值必须与表名后面字段名列表一一对应，如果需要颠倒顺序，字段名和VALUES 语句后面的值必须同时颠倒，执行效果是一样的。例如，改为学号在前，读者姓名在后。修改后的代码如下：

```
INSERT  INTO  readers(num, readerName, sex, tele)
  VALUES  ('2015111012','古天','男','1111111××××')
```

例题4-3 批量插入从另一个表中查询出来的全部数据。创建一个读者信息备份表readers _bak，表结构与readers表一致，然后将readers表的数据备份到readers_bak表中。

先建表，后插入数据，建表的代码如下：

```
USE  bookDB                                         -- 打开 bookDB 数据库
GO
CREATE  TABLE  readers_bak                          -- 创建读者表备份
(
  readerID       int  Not Null  Primary key,-- 读者编号、主键
  grade          smallint,                          -- 读者年级，如 2023 级学生填 2023
  readerName     varchar(20)not null,               -- 读者姓名
  num char(15)   unique,                            -- 教师工号或学生学号
  sex            char(2),                           -- 性别
  Tele           varchar(20),                       -- 读者电话
  borrowNum      int                                -- 借书数量
)
GO
```

建表成功后插入数据，数据来源不是用VALUES给出具体的值，而是来源于一个SELECT查询语句的查询结果。代码如下：

```
INSERT  INTO  readers_bak  SELECT  *  FROM  readers
```

说明：

创建readers_bak表，表结构与readers表完全一致，但是将标识列和默认值去掉。因为readers_bak只负责备份存储readers表中的数据，不需要自己生成数据，标识列是自动生成数据的，不可以手工插入数据，定义为标识列则无法完整备份readers表中的数据。

例题4-4 批量插入从另一个表中查询出来的部分数据。创建一个读者信息备份表readers _bak2，包含readers表中的读者编号、读者姓名、读者电话三列。

先建表，后插入数据，建表的代码如下：

```
USE  bookDB                                              -- 打开 bookDB 数据库
GO
CREATE  TABLE  readers_bak2                              -- 创建读者表备份
(
  readerID  int  Not Null  Primary key,                  -- 读者编号、主键
  readerName  varchar(50)Not Null,                       -- 读者姓名
  tele char(20)                                          -- 电话
)
GO
```

插入数据，表名后面给出涉及的字段，数据来源是一个SELECT 查询语句的查询结果。

方法一：SELECT语句后面的字段顺序与readers_bak2表中字段顺序一致，表名readers_bak2后面可以不写字段列表。代码如下：

```
INSERT  INTO  readers_bak2  SELECT  readerID,readerName,tele  FROM  readers
```

方法二：SELECT语句后面的字段顺序与readers_bak2表中字段顺序不一致，表名readers_bak2后面需要写字段列表，字段顺序随意，只要前后对应即可。代码如下：

```
INSERT  INTO  readers_bak2(readerName,tele,readerID)
SELECT  readerName,tele,readerID  FROM  readers
```

说明：

再次提示，尽量不要省略字段名列表，以免影响数据逻辑独立性。

例题4-5 在bookDB数据库的borrow表中插入三条记录，记录读者借书信息，数据见表4-6。

表4-6　借阅信息

读者编号	图书编号	借阅状态	借阅时间
1	1	默认值：初借	当前时间
2	5	默认值：初借	当前时间
10	4	默认值：初借	当前时间

插入第一条记录代码如下：

```
INSERT  INTO  bookDB. dbo. borrow(readerID,bookID)VALUES (1,1)
```

说明：

borrow表上有两个外键，一个是读者编号关联到readers表的读者编号，另一个是图书编号关联到books表的图书编号，所以在borrow表中插入数据操作能否成功受readers表和books表中数据的影响。目前readers表中有读者编号（readerID）1~8共8位读者，books表中有图书编号（bookID）1~4共4本图书，数据如图4-5所示。

	readerID	grade	readerName
1	1	2015	田湘
2	2	2014	李大海
3	3	2013	周杰
4	4	2016	王海涛
5	5	2015	欧阳苗苗
6	6	NULL	古天
7	7	NULL	东方明珠
8	8	NULL	杨海霞

	bookID	bookName
1	1	数据库系统概论
2	2	细节决定成败
3	3	C语言程序设计
4	4	SQL Server数据库实用案例教程

图 4-5　读者表和图书表中数据

借阅状态Status字段默认值是“初借”，借阅时间borrowDate字段默认值是系统当前日期，这两个字段不需要手工赋值，只需要将readerID和bookID插入表中即可。第一条数据的读者编号为1的读者在readers表中存在，图书编号为1的图书在books表中也存在，数据插入操作能够执行成功。执行后的borrow表中数据如图4-6所示。

	BookID	ReaderID	Loan	BorrowerDate	ReturnDate
1	1	1	初借	2022-05-31 17:52:51.470	NULL

图 4-6　执行后的 borrow 表中数据

从图4-6中数据可以看出，借阅状态（Status）和借阅时间（borrowDate）字段都存入了默认值，还书时间（ReturnDate）没有默认值，存为空值。

插入第二条记录的代码如下：

```
INSERT  INTO  bookDB. dbo. borrow(readerID,bookID)VALUES (2,5)
```

说明：

本条语句语法正确，但执行时会出错，错误信息是“INSERT语句与Foreign KEY约束fk_borrow_books冲突。该冲突发生于数据库bookDB，表"dbo. books"，column 'bookID'。语句已终止。”。表明指向books表的外键限制了不合法的操作。图书编号为5号的图书在books表中并不存在，所以无法借阅。

插入第三条记录的代码如下：

```
INSERT  INTO  bookDB. dbo. borrow(readerID,bookID)VALUES (10,4)
```

说明：

本条语句依旧是语法正确，但执行也会出错，错误信息是“INSERT语句与Foreign KEY约束fk_borrow_readers冲突。该冲突发生于数据库bookDB，表dbo. readers，column ‘readerID’。语句已终止。”。表明外键在发挥作用，但与上一条语句的错误不同，这次是指向readers表的外键在发挥作用。读者编号为10的读者在readers表中不存在，所以不可以插入该读者的借阅信息。

4.2 修改数据

视 频

数据更新-更新数据

1. 修改数据的语法

```
UPDATE 表名 SET 字段名 = 值或表达式 [,…]  [ WHERE  条件 ]
```

2. 修改数据的例题

例题4-6 某学校招生规模扩大，因此图书馆图书也要大批量增加，现对每种图书都追加两本库存，请使用SQL语句将bookDB数据库books表中所有图书的库存量（inventory）都增加两本。

```
代码：UPDATE  books  SET  inventory = inventory + 2
```

说明：

使用UPDATE语句修改表中数据，如果没有使用WHERE子句，就会将表中所有行的数据都进行修改，如果只想修改部分数据，不要忘记WHERE条件。

例题4-7 某学校计算机类专业招生规模扩大，因此其图书馆也要大批量增加计算机类图书的数量，现对所有计算机类图书都追加3本库存，请使用SQL语句将bookDB数据库books表的所有计算机类图书的库存量都增加3。

```
代码：UPDATE  bookDB. Dbo. Books
      SET  inventory= inventory+3
      WHERE  bookType = '计算机类'
```

说明：

如果当前已经打开bookDB数据库，可以省略“bookDB. Dbo. ”，直接写UPDATE Books。

例题4-8 1号读者归还借阅的1号图书，请使用SQL语句修改borrow表，将借阅状态（Status）改为“归还”，还书日期（ReturnDate）字段赋值为系统当前系统日期。

```
代码：UPDATE  borrow
      SET  Status = '归还',ReturnDate = GETDATE()
      WHERE  readerID = 1  and  bookID = 1
```

说明：

在UPDATE语句中使用WHERE子句，只修改满足条件的记录行。WHERE子句中的条件可以一个，也可以多个，多个条件之间要用and或者or连接。

例题4-9 readers表中前5名读者都是毕业班学生，他们办理毕业手续时一起将所借图书全部归还，请用SQL语句将readers表中前5名读者的借书数量（borrowNum）字段值统一赋值为0。

代码：
```
UPDATE  top(5)readers
SET  borrowNum = 0
```

说明：
"UPDATE top（n）表名 SET 字段名 = 新值"表示修改表中的前n条记录。

例题4-10 读者借阅图书的过程实际在数据库中涉及多个操作，分别为：①在borrow表中插入一条初借图书的记录；②修改readers表中该读者的借书数量（borrowNum）字段，将其数量加1；③修改books表中该图书的图书库存量（inventory）字段，将其数量减1。现有6号读者来借阅4号图书，请用SQL语句完成数据库中的操作。

（1）在borrow表中插入一条初借图书的记录。

代码：
```
INSERT  INTO  borrow(readerID, bookID)VALUES (6,4)
```

说明：
6号读者在readers表中存在，4号图书在books表中也存在，语句可以执行成功。但要注意将VALUES子句中值的顺序与字段列表中字段的顺序保持对应。如果写成如下代码，就会执行出错或者存入错误的数据。

```
INSERT  INTO  borrow(readerID, bookID)VALUES (4,6)
INSERT  INTO  borrow(bookID,readerID)VALUES (6,4)
```

（2）修改readers表中的借书数量（borrowNum）字段，将其数量加1。

代码：
```
UPDATE  readers
SET  borrowNum = borrowNum + 1  WHERE  readerID = 6
```

说明：
不要漏掉WHERE条件，只需要修改6号读者的借书数量，不要误操作修改所有读者信息。

（3）修改books表中的图书库存量（inventory字段），将其数量减1。

代码：
```
UPDATE  books
SET  inventory = inventory - 1  WHERE  bookID = 4
```

说明：
此语句中同样不要漏掉WHERE条件，只需要修改4号图书的库存数量。

4.3 删除数据

1. 删除数据的语法

DELETE 语句语法如下：

```
DELETE [ FROM ] 表名 [ WHERE 条件 ]
```

TRUNCATE 语句语法如下：

```
TRUNCATE TABLE 表名
```

2. 删除数据的例题

例题4-11 删除表中部分数据。borrow表中只需要保留近5年借书信息即可，陈旧的信息没有意义，不仅占用空间，还影响数据查询速度。请在borrow表中将借书时间在5年之前的数据全部删除。

```
代码：DELETE FROM borrow WHERE year(getdate())- year(borrowDate)>5
```

说明：

DELETE删除语句中加上WHERE子句表示删除指定条件的记录。计算5年前的时间用到日期函数getdate()取系统当前时间，year()函数用于取日期中的年份，两个年份相减就是间隔的年数。

例题4-12 删除表中部分数据。学生“欧阳苗苗”毕业了，请在bookDB数据库的readers表中将该学生信息删除。

```
代码：DELETE FROM readers WHERE readerName = '欧阳苗苗'
```

说明：

删除数据会受外键影响。如果该同学没有借书记录，删除操作可以顺利进行，否则有可能拒绝删除。建外键表时可以设置外键的违约处理规则，外键违约处理默认规则是拒绝操作，还可以设置为级联操作或者设置为空值。如果是默认的拒绝操作，可以让该学生将借书全部归还后，先在borrow表中删除其全部借书记录，再删除readers表中该生的信息。

例题4-13 删除表中部分数据。bookDB数据库的books表中编号为4的图书已经全部破损，需要报废，请在books表中将该书信息删除，同时将borrow表中借阅该书的记录一同删除。

```
代码：DELETE FROM books WHERE bookID = 4
      DELETE FROM borrow WHERE bookID = 4
```

说明：

此删除操作也会受外键影响。正确的执行顺序是：先删掉borrow表中该书的借阅记录，后删除books表中该书信息。也就是先删外键表数据，后删主键表数据。

例题4-14 删除表中全部数据。bookDB数据库中的readers_bak2表是读者表readers的数据备份，因为读者数据不停更新，readers_bak2表中数据已经陈旧，需要全部删除。

```
代码：DELETE  FROM  readers_bak2
```

或者使用TRUNCATE语句删除数据。

```
代码：TRUNCATE  TABLE  readers_bak2
```

说明：

DELETE 语句可以省略FROM，直接写成“DELETE 表名”。但经常有读者写成“DELETE * FROM 表名”，多了“*”号是和SELECT 语句混淆，使用DELETE语句不够熟练。

DELETE和TRUNCATE语句都可以删除表中数据，但有区别。第一个区别是能否有条件删除部分数据：DELETE语句可以加WHERE子句，删除满足条件的数据，如果不加WHERE子句则删除表中全部数据；TRUNCATE语句不能加WHERE子句，只能删除表中全部数据；第二个区别是是否写日志：DELETE 语句每删一条记录都可以记录在日志中，出故障时可以根据日志恢复数据；而TRUNCATE语句不写日志，直接删除，删除数据后不可恢复，要慎用。第三个区别是执行速度不同：DELETE 语句因为要写日志，所以执行速度慢些；TRUNCATE语句不写日志，所以执行速度快。

如果表中数据受外键制约，有可能会造成删除数据失败，具体情况具体分析。

实验 4 数据更新

一、实验目的

（1）熟练使用SQL语句进行数据的增、删、改操作。

（2）通过不同的数据检验约束的效果，进一步理解完整性约束的作用。

二、实验内容

销售数据库中有四张表：Employee（员工）表、Product（商品）表、Customer（客户）表和Orders（订单）表，表结构见第3章的实验3表3-4~表3-7。请使用SQL语句完成如下操作：

（1）将你和同组同学作为公司员工录入员工表中，第一行录入自己的信息，再录入至少两位同组同学的信息。

提示：int型和money型数据直接写数字，不加引号，字符型和日期型数据要加单引号，例如日期型可写为'2023-3-23'的格式；自己设计数据验证主键、非空和检查约束的效果。

（2）公司新进打印纸和墨盒，各进货100件，其中打印纸定价5元，墨盒定价21.5元，请用SQL语句完成商品信息入库操作。

（3）构件厂是公司的一个客户，该客户想要购买10件打印纸，如果由你来接待这个客户，请先沟通了解客户的信息，将信息记录到客户表中，然后生成销售订单，将打印纸的商品编号、客户编号、你的员工编号和销售数量等信息记录在订单表中。

（4）打印纸卖出了10件，不仅需要在订单表中记载，也需要更新商品表中该商品的现有库存量和已销售数量，请修改表中数据，将打印纸的现有库存量减少10，已销售数量增加10。

提示：销售商品既需要插入操作，也需要更新操作，涉及两张表。

（5）需要限制一个客户只录入一条信息，请修改客户表，在客户名称列增加唯一约束。

（6）订单表需要增加备注，请用SQL语句增加列，定义为bz varchar（20）。

（7）请再进货几件商品，增加几个客户，进行信息入户操作和相应销售操作。

（8）有一名员工离职了，请在员工表中将该员工删除。

（9）有的商品不再供货，需要在商品表中删除，请选择一个未销售过的商品和一个已经有销售订单的商品分别删除，比较效果有什么不同。

思考题：

删除主键表数据会受外键表上的外键制约，不同的数据选择不同的处理方式，请说明删除员工、商品和客户信息分别应该怎么处理。

习　题

一、选择题

1. SQL的数据操纵语句包括SELECT、INSERT、UPDATE和DELETE等。其中使用最频繁的是（　　）。

A. SELECT　　B. INSERT　　C. UPDATE　　D. DELETE

2. 若用如下的SQL语句创建一个student表：CREATE TABLE student（NO C（4）NOT Null，NAME C（8）NOT Null，SEX C（2），AGE N（2））可以插入到student表中的是（　　）。

A.（'1031','曾华',男,23）　　B.（'1031','曾华',Null，Null）

C.（Null,'曾华','男','23'）　　D.（'1031',Null,'男',23）

3. 若要删除book表中所有数据，以下语句正确的是（　　）。

A. DELETE TABLE book　　B. DELETE * FROM book

C. DROP book　　D. DELETE from book

4. 数据库中，用户对数据库中数据进行的每次更新操作都会被记录在（　　）中。

A. 控制文件　　B. 数据字典　　C. 参数文件　　D. 日志文件

二、判断题

1. 若要删除数据库中已经存在的表A，可用语句DELETE TABLE A。（　　）

2. 删除表中数据，如果该数据存在，删除语句正确，就一定能删除成功。（　　）

文 件

习题解析

第5章 数据查询

对数据的增（INSERT）、删（DELETE）、改（UPDATE）、查（SELECT）四种操作使用频率最高的是SELECT查询操作。SELECT查询语句功能强大，但连接查询、嵌套查询语句较复杂，需要耐心理解和多加练习。

5.1 查询数据语法

查询数据的语法如下：

```
SELECT [ ALL | DISTINCT ] [ TOP n | PERCENT ] <输出列表>] …
[ INTO <新表名>]
FROM  数据源列表
[ WHERE <条件表达式>]
[ GROUP BY<分组表达式> [ HAVING <条件表达式>] ]
[ ORDER BY<排序表达式> [ ASC | DESC ] ]
```

参数说明如下：

（1）查询语句中SELECT和FROM两个子句是必选项，其他子句是可选项，写在方括号[ ]中的是可选项，在需要的时候选用。

（2）[ALL | DISTINCT]：默认是ALL，可以省略，表示输出满足条件的所有行。如果希望查询结果中去掉重复行，需要加上DISTINCT。

（3）[TOP n | PERCENT]：TOP n表示输出满足条件的前n行，TOP n PERCENT表示输出满足条件的前n%行，省略该子句表示输出满足条件的所有行。

（4）<输出列表>：是SELECT子句的一部分，可以是字段名、常量，也可以是表达式等。如果想把表中所有字段都显示出来，可以将字段名逐个列出来，用逗号分隔，也可以只写一个“*”号。“SELECT * FROM表名”是一条常用的查询语句。

（5）[INTO <新表名>]：将查询的结果存入一条新的表中。

（6）数据源列表：指明数据的来源，是FROM子句的一部分，可以是单个表，也可以是多个表。数据源是单个表的查询又称单表查询，数据源是多个表的查询是连接查询。这里的表是广义的，包括基本表、视图表、查询表（又称为派生表）。基本表是用CREATE TABLE语句创建的，在数据库中长期存在，是保存数据的物理表；视图表是指在基本表基础上创建的视图，数据库中存储视图的定义，不存储视图的数据，视图的数据来自基本表；查询表是指另一个SELECT查询的结果，是虚表，只存在内存中。

（7）[WHERE<条件表达式>]：选择的条件，只选择满足条件的行。

（8）[GROUP BY<分组表达式> [HAVING <条件表达式>]]：GROUP BY子句是将查询结果分组，一般在查询输出列表中有聚合函数时使用GROUP BY子句。使用GROUP BY子句时，SELECT子句输出列表中所有单列项都要放在GROUP BY子句中。HAVING子句只能用在GROUP BY后面，如果需要对分组统计的结果再进行条件筛选，需要用HAVING子句。

（9）[ORDER BY<排序表达式> [ASC | DESC]]：ORDER BY是排序子句，将查询结果进行重排序，可以按一个列进行排序，也可以按多个列排序。ASC表示升序，DESC表示降序，默认是升序，可以省略ASC。

5.2 数据准备

查询例题是基于stuDB数据库的三张表，表结构见第3章的表3-1~表3-3，其中Student表的主键是学号（Sno），Course表的主键是课程号（Cno），SC表是以Cno和Sno做联合主键，表中数据见表5-1~表5-3。

表5-1 学生（Student）表中数据

学号（Sno）	学生姓名（name）	性别（Sex）	民族（Ethnic）	出生日期（Birthday）
1001	江南	男	满族	2001-01-01
1002	南凌凌	男	汉族	2002-12-10
1003	南荷花	女	鄂伦春族	2001-10-11
1004	张菊青	女	汉族	2001-12-11

表5-2 课程（Course）表中数据

课程号（Cno）	课程名（Cname）	学时（hours）	学分（credit）	开课学期（Semester）
1	大数据导论	16	1	第一学期
2	数据库	48	3	第四学期
3	C语言	64	3.5	第一学期
4	数据库_选修	24	1.5	NULL

表5-3 成绩（SC）表中数据

课程号（Cno）	学号（Sno）	成绩（Grade）
1	1001	90
1	1002	56
1	1003	74
2	1001	NULL
2	1003	61

5.3 单表数据

视 频

单表查询
1-投影

1. 投影、选择查询

单表查询是指仅涉及一张表的查询。投影查询是指查询表中的一部分列（也就是取一部分属性），选择查询是指查询表中符合条件的一部分行（也就是取一部分元组）。

例题5-1 查询全体学生的姓名和民族。

```
代码：USE  stuDB
      GO
      SELECT  Name,Ethnic FROM  Student
```

执行结果如图5-1所示。

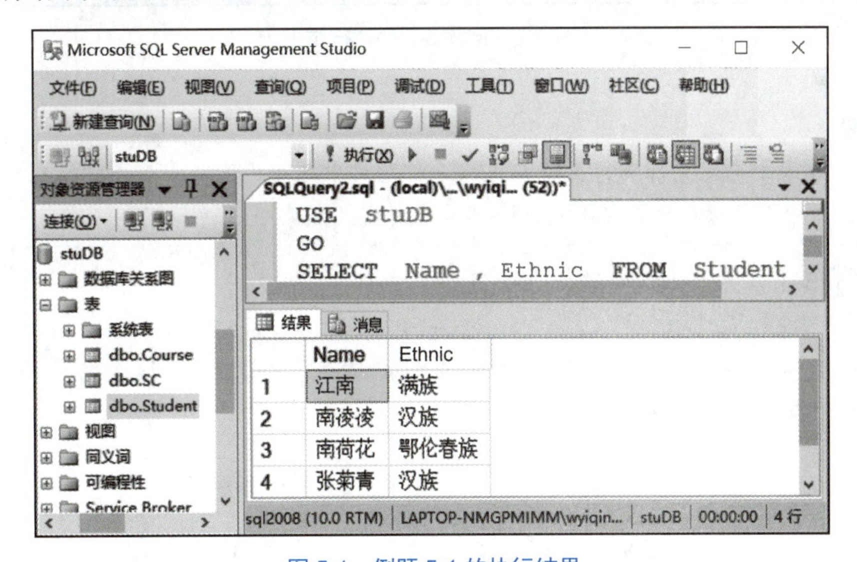

图 5-1 例题 5-1 的执行结果

说明：

登录SSMS，新建一个查询窗口，在查询窗口中写SQL语句。执行第一条语句之前需要执行USE命令打开数据库，之后如果没有切换数据库，就不需要重复执行USE命令。

如果事先没有打开数据库，语句可以修改为：SELECT Name，Ethnic FROM stuDB.DBO. Student，写出该表所在的数据库名.模式名的路径。

本题要查询的学生信息存在Student表中，学生姓名存在Name 列，民族存在Ethnic列，该表有4行5列，查询结果是4行2列。查询表中一部分列需要在SELECT子句的<输出列表>位置输入想查询的列名，多个列名之间用半角逗号分隔，列名必须与表中定义的一致。右下角的“4行”表示查询结果的行数。

例题5-2 查询全体学生的姓名、民族和性别。

```
代码：SELECT  Name,Ethnic,Sex  FROM  Student
```

执行结果如图5-2所示。

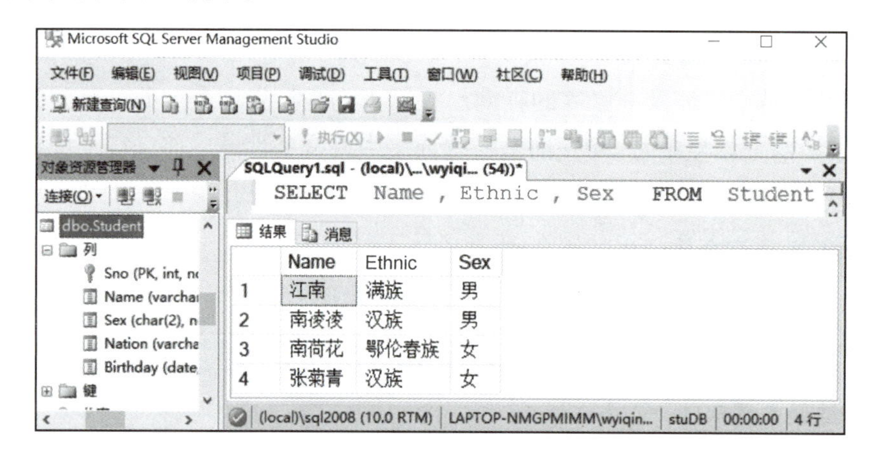

图 5-2 例题 5-2 的执行结果

说明：

Student表中先定义性别，后定义民族，但题目中先查询民族，后查询性别。数据库的查询语句中列的顺序可以任意排列，不要求与定义顺序一致。

例题5-3 查询全体学生的详细信息。

```
代码1：SELECT  Sno,Name,Ethnic,Sex,Birthday  FROM  Student
代码2：SELECT  *  FROM  Student
```

执行结果如图5-3所示。

结果　消息

	Sno	Name	Sex	Ethnic	Birthday
1	1001	江南	男	满族	2001-01-01
2	1002	南凌凌	男	汉族	2002-12-10
3	1003	南荷花	女	鄂伦春族	2001-10-11
4	1004	张菊青	女	汉族	2001-12-11

08 (10.0 RTM) | LAPTOP-NMGPMIMM\wyiqin... | stuDB | 00:00:00 | 4 行

图 5-3 例题 5-3 的执行结果

说明：

查询表中所有列有两种方法，一种是在SELECT关键字后面列出所有列名，另一种是用星号代表所有列。同样是将该表中所有行、所有列都显示出来，代码1可以自定义查询结果中列的顺序，代码2“SELECT * FROM 表名”查询结果中列的顺序只能与表中定义的顺序一致。

例题5-4 查询学生的姓名及年龄。

```
代码 1: SELECT  Name,YEAR(GETDATE())- YEAR(Birthday)FROM  Student
代码 2: SELECT  Name,DATEDIFF(YEAR,Birthday,GETDATE())FROM  Student
```

执行结果如图5-4（a）所示。

```
代码 3: SELECT  Name,nl = YEAR(GETDATE())- YEAR(Birthday)FROM  Student
代码 4: SELECT  Name,YEAR(GETDATE())- YEAR(Birthday)as  nl  FROM  Student
代码 5: SELECT  Name,YEAR(GETDATE())- YEAR(Birthday)nl  FROM  Student
```

执行结果如图5-4（b）所示。

结果 消息

	Name	(无列名)
1	江南	22
2	南凌凌	21
3	南荷花	22
4	张菊青	22

（a）无列名

结果 消息

	Name	nl
1	江南	22
2	南凌凌	21
3	南荷花	22
4	张菊青	22

（b）自定义列的别名

图 5-4　例题 5-4 的执行结果

说明：

Student表中存储了学生的出生日期，没有存年龄，需要用日期函数计算年龄。GETDATE()函数取系统当前日期，YEAR()函数取日期中的年，DATEDIFF()函数第一个参数为YEAR表示计算两个日期中年的差。常用日期函数见附录A。

代码1和代码2查询结果中计算列无列名，需要自己定义别名。定义列的别名有三种方法，第一种方法是：别名=列名，将新定义的别名写在前面，用等号（=）连接列名，第二种方法是：列名as别名，将新定义的别名写在后面，中间加as关键字连接（关键字前后要有空格）。第三种方法是：省略as关键字，直接写为“列名　别名”，用空格分隔，表示列名后面是别名，多个列名之间用逗号分隔。代码3、代码4、代码5分别用三种方法书写，执行效果相同。

常见错误：使用第三种方法，却在“列名”和“别名”之间加了逗号，造成语句出错。因为加了逗号，系统就会把后面的“别名”也当作列名，但在表中又找不到这个名字的列。

例题5-5 查询学生分布在哪些民族。

```
代码1：SELECT  Ethnic  FROM  Student
```

执行结果如图5-5（a）所示。

```
代码2：SELECT  DISTINCT  Ethnic  FROM  Student
```

执行结果如图5-5（b）所示。

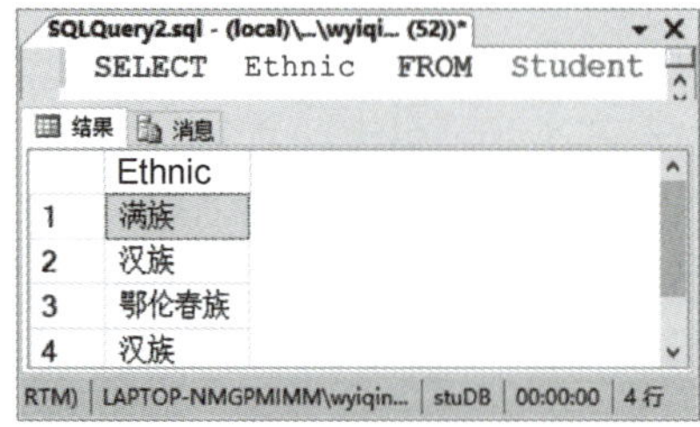

（a）错误的结果

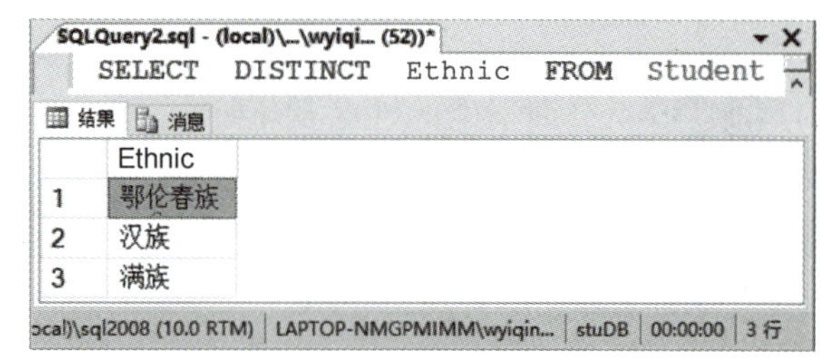

（b）正确的结果

图 5-5　例题 5-5 的执行结果

说明：

代码1直接查询Student表中民族列的值，查询结果中的行数就是表中数据的行数，其中汉族显示了两次。而本题需要的结果是每个民族显示一次即可，所以需要使用DISTINCT关键字去掉查询结果中的重复行，代码2是正确的。代码1没有使用DISTINCT关键字则默认为ALL，表示保留重复行。

例题5-6 查询课程表中前两门课程的详细信息。

```
代码：SELECT  TOP  2  *  FROM  Course
```

执行结果如图5-6所示。

SQLQuery2.sql - (local)\...\wyiqi... (52))*

SELECT TOP 2 * FROM Course

结果　消息

	Cno	Cname	hours	credit	Semester
1	1	大数据导论	16	1.0	第一学期
2	2	数据库	48	3.0	第四学期

0.0 RTM) | LAPTOP-NMGPMIMM\wyiqin... | stuDB | 00:00:00 | 2 行

图 5-6　例题 5-6 的执行结果

说明：

TOP n选项限制只输出查询结果中的前n行，此为SQL Server中查询前几行的特有语法，其他DBMS有自己的语法。TOP n percent选项限制只输出查询结果中的前n%行。

例题5-7 查询哪些学生是少数民族，显示学生姓名和民族。

```
代码：SELECT  Name,Ethnic  FROM  Student  WHERE  Ethnic<>'汉族'
```

执行结果如图5-7所示。

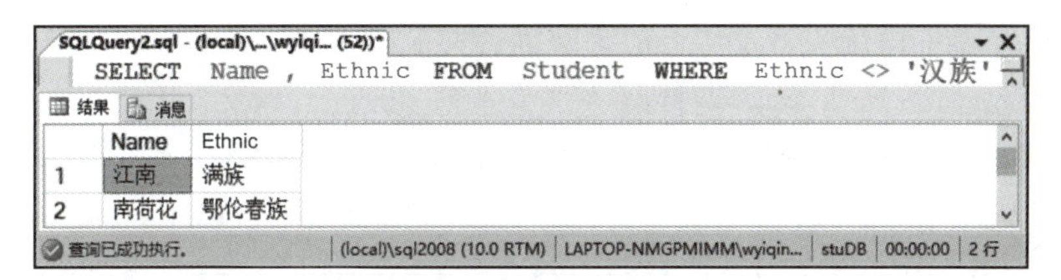

图 5-7 例题 5-7 的执行结果

说明：

Student表中有四名学生信息，其中两人是少数民族。“汉族”是字符型常量，需要加单引号，如果不加单引号会被当作表中的列名。字符型和日期型常量需要加单引号，数值型和货币型常量直接写，不加引号。WHERE子句用于选择表中满足指定条件的行。WHERE子句中常用的查询条件见表5-4。

表5-4 WHERE子句中常用的查询条件

查询条件	谓　词
比　较	=（等于）、>（大于）、<（小于）、>=（大于等于）、<=（小于等于）、!=或<>（不等于）、!>（不大于）、!<（不小于）；NOT+上述比较运算符
确定范围	BETWEEN AND、NOT BETWEEN AND
确定集合	IN、NOT IN
字符匹配	LIKE、NOT LIKE
空　值	IS NULL、IS NOT NULL
多重条件（逻辑运算）	AND、OR、NOT

例题5-8 查询年龄在19~21岁（包括19和21岁）之间的学生的学号、姓名、出生日期。

```
代码1: SELECT Sno,Name,Birthday  FROM  Student
       WHERE  YEAR(GETDATE())- YEAR(Birthday)BETWEEN 19 AND 21
代码2: SELECT Sno,Name,Birthday  FROM  Student
       WHERE  YEAR(GETDATE())- YEAR(Birthday)>= 19
       AND  YEAR(GETDATE())- YEAR(Birthday)<= 21
```

执行结果如图5-8所示。

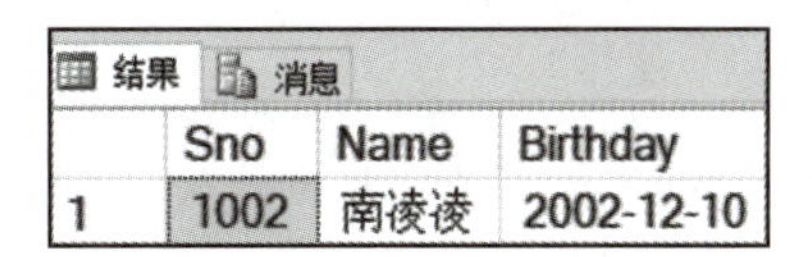

图5-8 例题5-8的执行结果

说明：

谓词BETWEEN...AND用于查找属性值在指定连续区间内的元组，包含边界值。年龄BETWEEN 19 AND 21表示年龄大于等于19并且小于等于21，包括19和21岁。年龄NOT BETWEEN 19 AND 21表示年龄小于19或者大于21。SQL语言中逻辑与和逻辑或分别用AND和OR表示。

例题5-9 查询民族为“汉族”或者“满族”的学生详细信息。

```
代码1：SELECT  *  FROM  Student  WHERE  Ethnic  IN  ('汉族','满族')
代码2：SELECT  *  FROM  Student  WHERE  Ethnic = '汉族'  or  Ethnic = '满族'
```

执行结果如图5-9所示。

	Sno	Name	Sex	Ethnic	Birthday
1	1001	江南	男	满族	2001-01-01
2	1002	南凌凌	男	汉族	2002-12-10
3	1004	张菊青	女	汉族	2001-12-11

图 5-9　例题 5-9 的执行结果

说明：

谓词IN用于查找属性值属于指定集合的元组。BETWEEN...AND匹配连续区间的值，IN匹配一个个离散的值，属性值等于其中一个即可。NOT IN表示不等于集合中的任意一个值。“属性名 NOT IN（值1，值2，值3，...）”等价于“属性名<>值1 and 属性名<>值2 and 属性名<>值3…”。

例题5-10 查询哪些学生选课了还没有考试成绩，显示学号、课程号。

```
代码：SELECT  Sno,Cno  FROM  SC  WHERE  Grade  is  NULL
```

执行结果如图5-10（a）所示，图5-10（b）所示为全部选课情况。

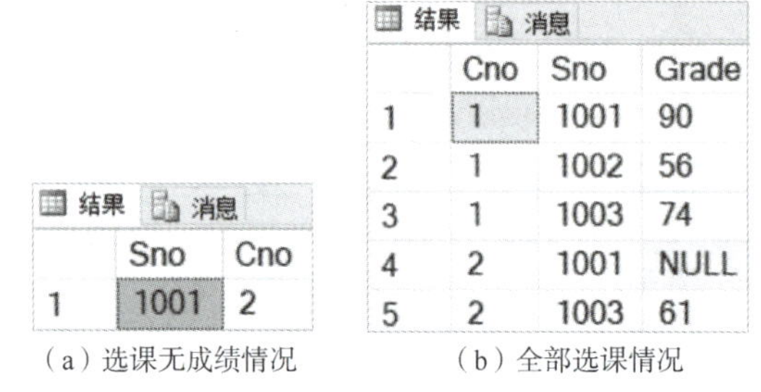

	Sno	Cno
1	1001	2

（a）选课无成绩情况

	Cno	Sno	Grade
1	1	1001	90
2	1	1002	56
3	1	1003	74
4	2	1001	NULL
5	2	1003	61

（b）全部选课情况

图 5-10　例题 4-10 的执行结果

说明：

NULL表示空值，是“未知值”，不是空格或者0。没有赋值的属性默认都是空值，空值不可以用等号和不等号进行比较，判断是否为空值使用is NULL或is not NULL。

2. 模糊查询

模糊查询是查找属性值包含某个字符或字符串的元组，不是精确的等于比较。模糊查询需要谓词LIKE配合通配符使用，两个通配符%和_的用法如下：

（1）%（百分号）：代表任意长度（也可以为0）的字符串。

（2）_（下画线）：代表任意单个字符，有且只有一个字符。

其一般语法格式为：

```
[NOT] LIKE '<匹配串>' [ ESCAPE '<换码字符>' ]
```

例题5-11 查询哪些学生姓名中含有“南”字。

```
代码：SELECT * FROM Student WHERE Name LIKE '%南%'
```

执行结果如图5-11所示。

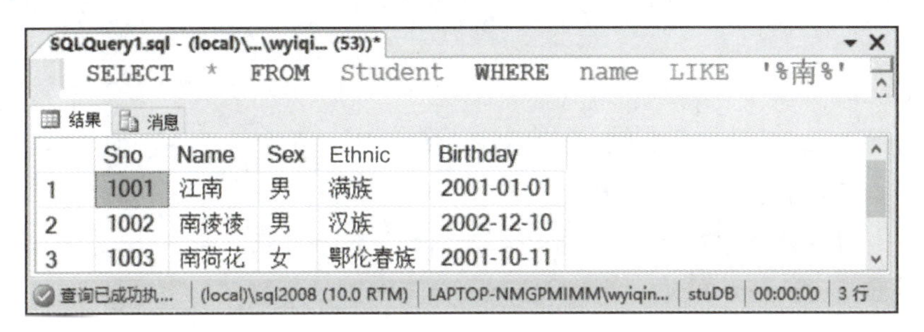

	Sno	Name	Sex	Ethnic	Birthday
1	1001	江南	男	满族	2001-01-01
2	1002	南凌凌	男	汉族	2002-12-10
3	1003	南荷花	女	鄂伦春族	2001-10-11

图 5-11　例题 5-11 的执行结果

说明：

姓名中含有“南”字，不管“南”字在哪个位置，也不管姓名是几个字，所以需要在“南”字前后都加上百分号。

例题5-12 查询名字中第二个字为“南”，并且名字为两个字的学生的详细信息。

```
代码：SELECT * FROM Student WHERE Name LIKE '_南'
```

执行结果如图5-12所示。

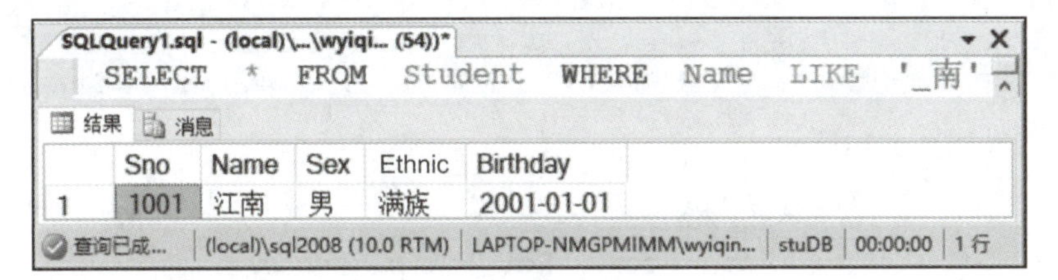

	Sno	Name	Sex	Ethnic	Birthday
1	1001	江南	男	满族	2001-01-01

图 5-12　例题 5-12 的执行结果

说明：

需要注意的是，如果数据中存在空格，可能会造成查询结果不准确，所以查询语句最好配合去空格函数一起使用，本题可以写为：SELECT * FROM Student WHERE Ltrim (Rtrim (Name)) LIKE '_南'。其中，Ltrim()函数是去除字符串前面的空格，Rtrim()函数是去除字符串后面的空格。

例题5-13 找出所有姓“张”和姓“江”的员工信息。

```
代码1：SELECT * FROM Student WHERE Name LIKE '[张,江]%'
代码2：SELECT * FROM Student WHERE substring(Name,1,1)IN ('张','江')
代码3：SELECT * FROM Student WHERE left(Name,1)IN ('张','江')
```

执行结果如图5-13所示。

	Sno	Name	Sex	Ethnic	Birthday
1	1001	江南	男	满族	2001-01-01
2	1004	张菊青	女	汉族	2001-12-11

图 5-13　例题 5-13 的执行结果

说明：

一个功能的语句有多种写法，“LIKE'[A, B, C]%'”表示第一个字符是A或B或C中的任意一个，后面字符任意的字符串。

方法一：使用条件“Name LIKE '[张, 江]%'”将姓“张”和姓“江”的学生都找出来，语句等价于“Name LIKE '张%' or Name LIKE '江%'”。

方法二：使用substring(expression, start, lengh)函数可以从任意位置开始取子串，该函数有三个参数，第一个是要取子串的字符串，第二个表示从第几位开始取，第三个表示子串取多少位。substring(Name, 1, 1)表示从Name列的第一位开始，取出一个字符或者一个汉字，只取出名字中的“姓”，然后用到IN 子句，判断“姓”等于“张”或者等于“江”。

方法三：使用left()函数从左侧取子串。left(Name, 1)表示从Name列的左侧取出一个字符或者一个汉字。SQL Server中常用函数用法见附录A。

例题5-14 找出哪些学生不姓“南”。

```
代码1: SELECT  *  FROM  Student  WHERE  Name  NOT  LIKE  '南%'
代码2: SELECT  *  FROM  Student  WHERE  Name  LIKE  '[^南]%'
代码3: SELECT  *  FROM  Student  WHERE  left(Name,1)NOT  IN('南')
```

执行结果如图5-14所示。

	Sno	Name	Sex	Ethnic	Birthday
1	1001	江南	男	满族	2001-01-01
2	1004	张菊青	女	汉族	2001-12-11

图 5-14　例题 5-14 的执行结果

说明：

本题要求查找不姓“南”的学生信息。

方法一：在LIKE前面加NOT，条件写为“Name NOT LIKE '南%'”;

方法二：使用条件“Name LIKE '[^南]%'”，这里的“^”符号表示否定，否定方括号中的所有项，例如“LIKE '[^李, 张, 王]%'”表示既不姓李，也不姓张和王。

方法三：用取子串函数取出姓，然后和“南”比较。

例题5-15 查询哪些课程名含有“数据库_”。

```
代码：SELECT  *  FROM  Course
WHERE  Cname  LIKE  '数据库\_%'  ESCAPE  '\'
```

执行结果如图5-15所示。

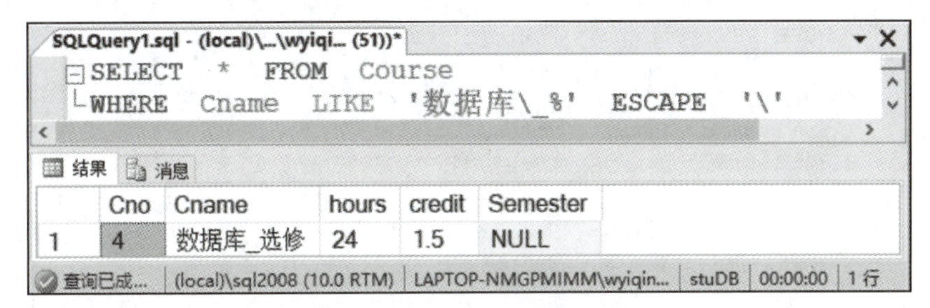

图 5-15 例题 5-15 的执行结果

说明：

ESCAPE '\'表示用“\”做换码字符，匹配串中紧跟在“\”后面的字符“_”不再作为通配符，而是作为普通字符。“\”也可以换为“+”“#”等字符。

3. ORDER BY 排序查询

使用ORDER BY子句可以按一个或多个属性列将查询结果进行重新排序，排序方式分为升序（ASC为默认值）和降序（DESC）。当排序列含空值时，排序时显示的次序由具体系统决定。

视 频

单表查询4-排序

例题5-16 查询选修了1号课程的学生学号及其成绩，查询结果按照成绩降序排列。

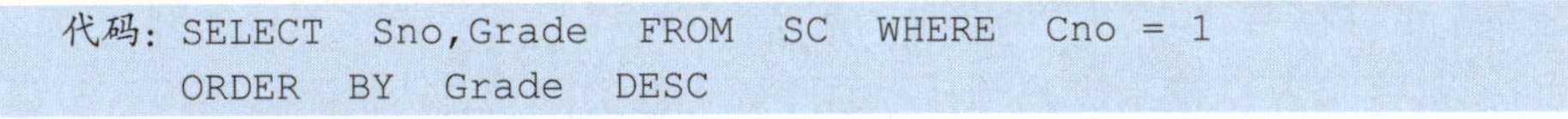

```
代码：SELECT  Sno,Grade  FROM  SC  WHERE  Cno = 1
      ORDER  BY  Grade  DESC
```

执行结果如图5-16所示。

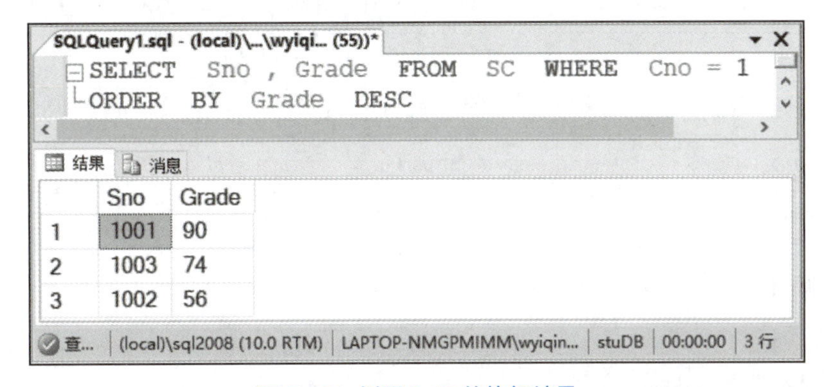

图 5-16 例题 5-16 的执行结果

例题5-17 查询学生的学号、姓名、民族、出生日期，查询结果按照民族拼音字母升序排列，同一民族的按照年龄降序排列。

```
代码：SELECT  Sno,Name,Ethnic,Birthday  FROM  Student
      ORDER  BY  Ethnic,Birthday
```

执行结果如图5-17所示。

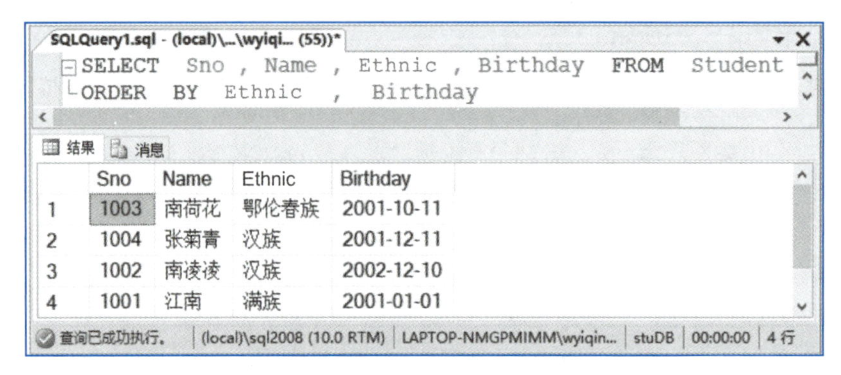

图 5-17　例题 5-17 的执行结果

单表查询5-聚合统计

说明：

按照多列排序的效果是先按照第一列排序，第一列值相同的再按照第二列排序，依此类推。本题中将汉族的两名同学按照年龄降序排列等同于按照出生日期升序排序。

4. 聚合统计查询

为了进一步增强检索功能，SQL提供了一些聚集函数，见表5-5。

表5-5　常用聚集函数

函　数	功　能
COUNT（*）	统计元组（行、记录）个数
COUNT（<列名>）	统计该列（字段、属性）值不为空的元组个数
COUNT（DISTINCT<列名>）	统计该列值不为空，并且值不重复的元组个数
SUM（<列名>）	计算一列值的总和（此列必须为数值型）
AVG（<列名>）	计算一列值的平均值（此列必须为数值型）
MAX（<列名>）	求一列值的最大值
MIN（<列名>）	求一列值的最小值

例题5-18统计有多少名学生。

```
代码1：SELECT  count(*)  FROM  Student
```

执行结果如图5-18（a）所示。

```
代码2：SELECT  count(*) 学生数 FROM  Student
```

执行结果如图5-18（b）所示。

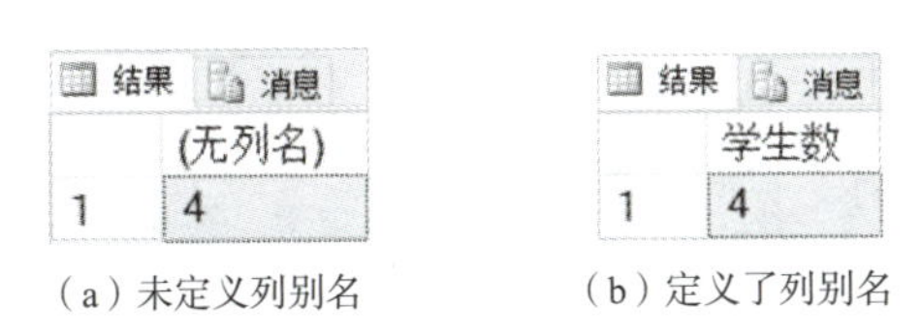

（a）未定义列别名　　（b）定义了列别名

图 5-18　例题 5-18 的执行结果

说明：

学生信息保存在Student表中，该表中有多少行就表示有多少名学生。count()函数是SQL语句中经常用到的聚合函数，使用聚合函数查询的结果通常没有列名，需要自行定义列别名。

例题5-19 查询学生学习所有课程获得的最高分、最低分和平均分。

代码：
```
SELECT  max(Grade) 最高分,min(Grade) 最低分,avg(Grade) 平均分
FROM  SC
```

执行结果如图5-19所示。

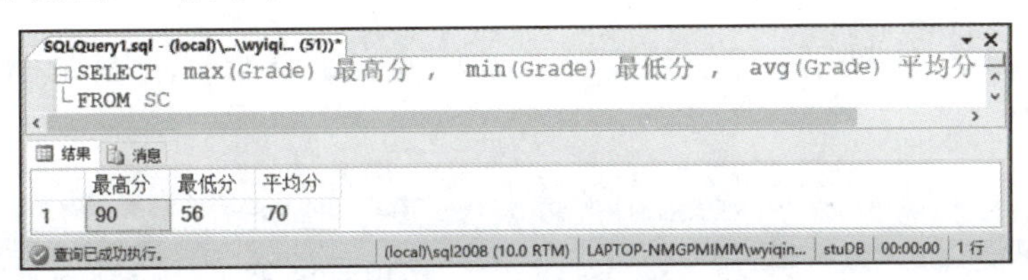

图 5-19　例题 5-19 的执行结果

说明：

分数存在SC表的Grade字段中，计算最高分就是取分数的最大值，最低分就是取分数最小值。每个列都定义了汉字别名，方便查看。

例题5-20 查询有多少学生选修了课程。

代码：
```
SELECT  count(DISTINCT Sno) 选课人数  FROM  SC
```

执行结果如图5-20所示。

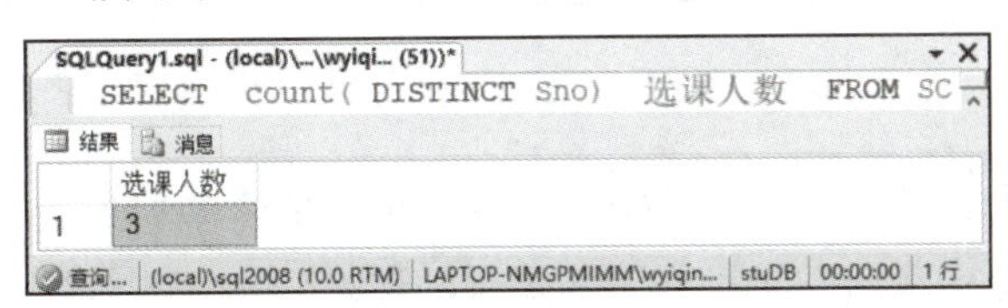

图 5-20　例题 5-20 的执行结果

说明：

Student 表中有全体学生的信息，但不是所有学生都选修了课程，在SC表中有记录的才是选修了课程。SC表中有5行选课记录，其中有学生选修了多门课，需要用DISTINCT关键字去除重复的学号才能统计出真实的选课人数。

例题5-21 查询课程表中有多少门必修课（选修课的开课学期是空值）。

```
代码1：SELECT  count(Semester) 必修课程数  FROM  Course
代码2：SELECT  count(*) 必修课程数  FROM  Course  WHERE  Semester  IS NOT NULL
```

执行结果如图5-21所示。

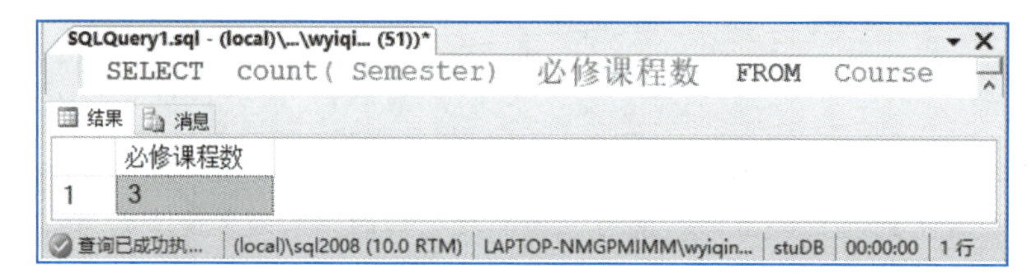

图 5-21　例题 5-21 的执行结果

说明：

count（列名）是统计该列不为空的记录数，count（*）是统计所有满足条件的记录数，不管有无空值。

例题5-22 查询每门课程的最高分、最低分和平均分，显示课程号和相应的分数。

```
代码：SELECT  Cno,max(Grade) 最高分,min(Grade) 最低分,avg(Grade) 平均分
      FROM  SC  GROUP  BY  Cno
```

执行结果如图5-22所示。

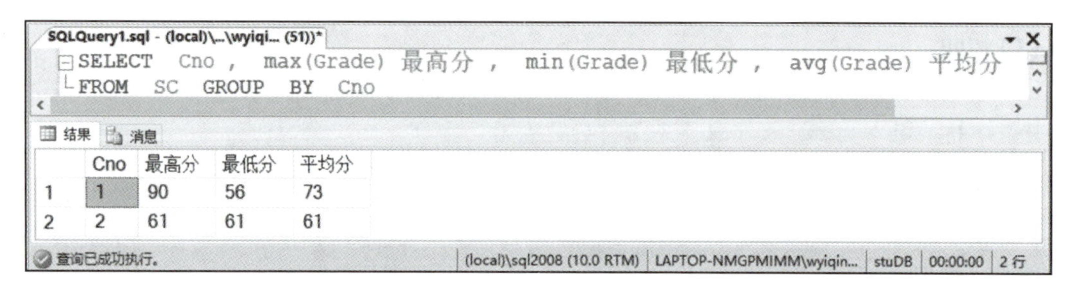

	Cno	最高分	最低分	平均分
1	1	90	56	73
2	2	61	61	61

图 5-22　例题 5-22 的执行结果

说明：

查询每门课程的统计数据需要用GROUP BY子句对课程号进行分组。GROUP BY子句分组可以细化聚集函数的作用对象，没分组时聚集函数作用于整个查询结果，分组后聚集函数将分别作用于每个组，按一列或多列分组，值相等的为一组。本题分为课程号为1和课程号为2共两组，每组分别统计最高分、最低分和平均分。

例题5-23 查询选课人数大于2人的课程号和选课人数。

```
代码：SELECT  Cno,count(*) 选课人数  FROM  SC
GROUP  BY  Cno  HAVING  count(*)>2
```

执行结果如图5-23所示。

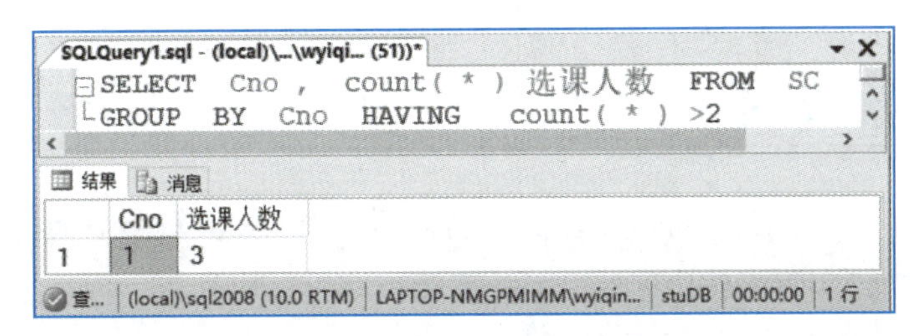

图 5-23 例题 5-23 的执行结果

说明：

查询每门课程的选课人数需要用GROUP BY子句对每个课程号进行分组统计。本题要求只显示“选课人数大于2人”的课程，需要用HAVING子句进一步筛选。HAVING必须与GROUP BY子句配合使用，是对聚合函数计算后的结果再进行筛选。

例题5-24 假设现在是12月份，学生会打算给当月过生日的同学准备个性化的礼物，请查询12月份各个民族男生和女生分别多少人，并将查询结果存入一个新表T_12。

代码：
```
SELECT Ethnic,Sex,COUNT(*) 人数  INTO  T_12
FROM  Student  WHERE  MONTH(Birthday)= 12
GROUP  BY  Ethnic,Sex
```

执行结果如图5-24（a）所示，查看T_12表中数据的语句如图5-24（b）所示。

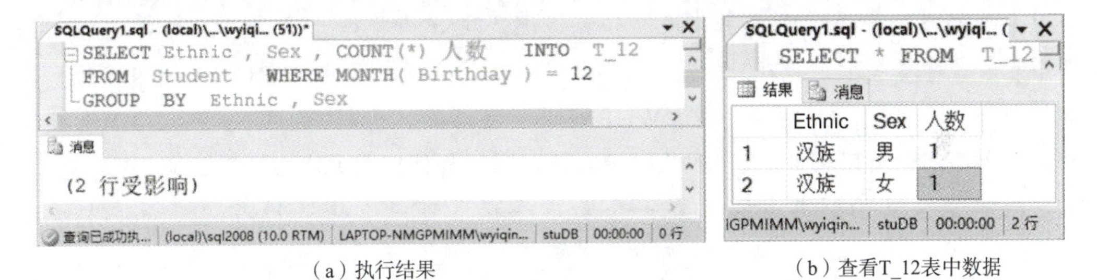

（a）执行结果　　（b）查看T_12表中数据

图 5-24 例题 5-24 的执行结果和新表中数据

说明：

按多列分组是将多列值的每一种组合作为一组，本题就是将各个民族的男生分别分组，有多少个民族有男生就分多少组，再将各个民族的女生分别分组。因为Student表数据中12月份生日的只有汉族学生，所以只分了两组。

本题目要求将查询结果存入一个新表中，而不是显示在屏幕上，需要用到“INTO 新表名”子句。执行结果只显示受影响的行数，不显示具体查询结果，想要看查询结果，可以执行“SELECT * FROM 新表名”语句。

5.4 连接查询

连接查询涉及多张表，将多张表的表名都写在FROM关键字后面。连接查询分为内连接和外连接，实际工作中90%以上的连接查询都是内连接。内连接只查询两个表关联字段值相匹配的信息。内连接查询有两种写法：第一种是FROM关键字后面多个表名之间用半角逗号分隔，表之间的关联条件写在WHERE关键字后面；第二种是FROM关键字后面多个表名之间用INNER JOIN连接符连接，关联条件写在ON关键字后面。外连接是将两个表关联字段值不匹配的信息也显示出来，外连接又分为左外连接（LEFT [OUTER] JOIN）、右外连接（RIGHT [OUTER] JOIN）和全外连接（FULL [OUTER] JOIN）。外连接的关联条件写在ON关键字后面。

视 频

连接查询1

例题5-25 请查询选修了2号课程的学生姓名和成绩。

```
代码 1: SELECT  Name,Grade  FROM  Student,SC
        WHERE  Student. Sno = SC. Sno  AND  Cno = 2
代码 2: SELECT  Name,Grade  FROM  Student  INNER  JOIN  SC
        ON  Student. Sno = SC. Sno  WHERE  Cno = 2
```

执行结果如图5-25（a）所示。

说明：

本题涉及两个表，学生选课情况和成绩记录在SC表，学生姓名记录在Student 表，两个表通过学号关联。代码1是内连接的常用写法，两个表名写在FROM关键字后面，用逗号分隔，表之间的关联条件写在WHERE关键字后面。代码2是用INNER JOIN连接两个表，表之间的关联条件写在ON关键字后面，其他条件还要写在WHERE关键字后面。

代码中涉及的列名如果只在一个表中存在，可以直接写列名，例如学生姓名（Name）、成绩（Grade）；如果列名在两个及以上的表中存在，必须在列名前面加上“表名.”，本题Sno列前必须加上表名，否则会出错，出错信息如图5-25（b）所示。

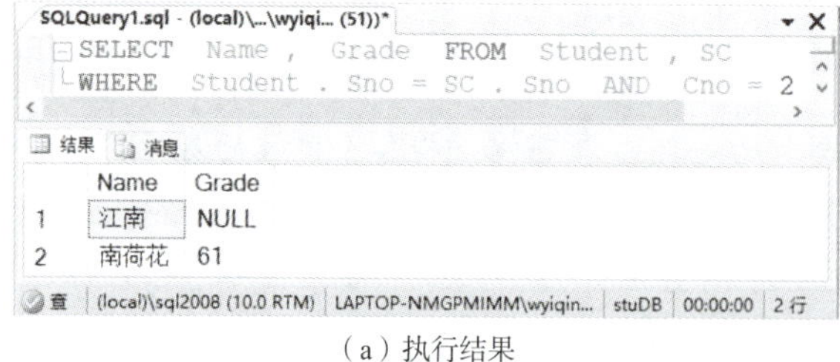

（a）执行结果

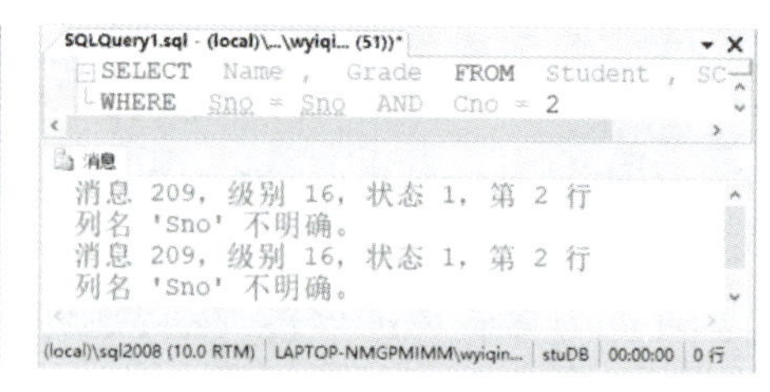

（b）出错信息

图 5-25 例题 5-25 的执行结果和新表中数据

例题5-26 查询每门课程的平均分，显示课程名、平均分。

```
代码 1: SELECT  Cname,avg(Grade) 平均分
        FROM  Course,SC
```

```
        WHERE  Course. Cno = SC. Cno
        GROUP  BY  Cname
代码2: SELECT  Cname,avg(Grade) 平均分
        FROM  Course  INNER  JOIN  SC
        ON  Course. Cno = SC. Cno
        GROUP  BY  Cname
```

执行结果如图5-26所示。

	Cname	平均分
1	大数据导论	73
2	数据库	61

图 5-26　例题 5-26 的执行结果

说明：

本题涉及两个表，课程名在Course表，成绩在SC表，两个表通过课程号（Cno）关联成一个大表，然后再和单表查询一样进行选择、排序、分组聚合统计等操作。提示：进行分组统计时，GROUP BY后面的列名一定与SELECT中除了聚合函数之外的列名保持一致，否则会出错。

例题5-27 请查询学生选课情况，显示学生姓名、课程名、成绩。

```
代码1: SELECT  Name,Cname,Grade
        FROM  Student  s,SC,Course  c
        WHERE  s. Sno = SC. Sno  AND  c. Cno = SC. Cno
代码2: SELECT  Name,Cname,Grade
        FROM  Student  s  INNER  JOIN  SC  ON  s. Sno = SC. Sno
        INNER  JOIN  Course  c  ON  c. Cno = SC. Cno
```

执行结果如图5-27所示。

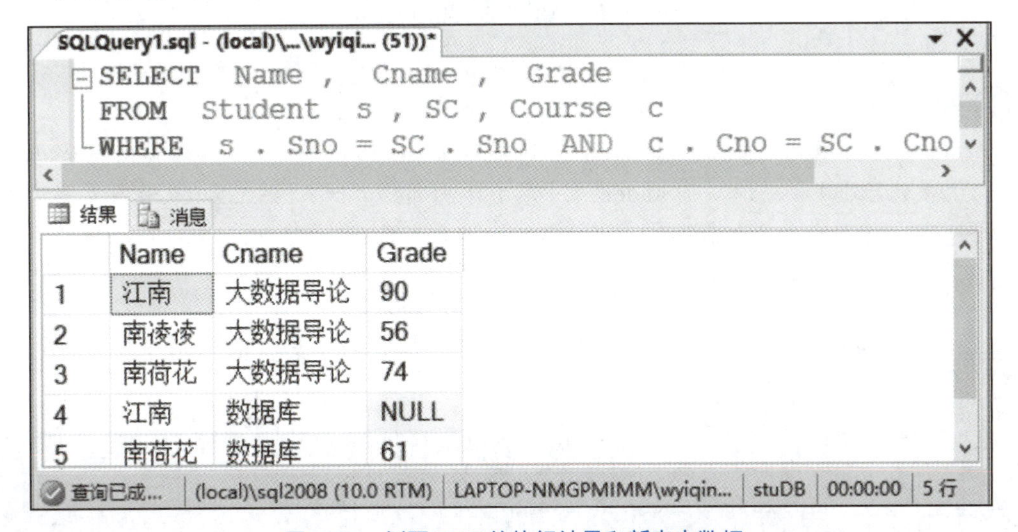

图 5-27　例题 5-27 的执行结果和新表中数据

说明：

先分析题目中数据涉及哪几个表，表之间的关联是什么，然后把所有用到的表都放在FROM关键字后面，在WHERE 关键字后面写出表之间的所有联系。注意，要把所有表连接上，不要让任何一个表孤立，否则会出现笛卡儿乘积（请自行搜索含义和效果）的效果。本题涉及三个表，学生姓名在Student表中，课程名在Course表中，成绩在SC表中，三个表通过Sno和Cno两组同名列进行连接（n个表连接查询需要n-1个连接条件）。为了简化代码，本题给Student表和Course表分别定义了别名s和c，对于多个表中存在的同名列需要加“别名.”前缀，不能再写为“表名.列名”，只在一个表中存在的列名可以省略前缀。

例题5-28 请查询学生选课情况，显示学生姓名、课程号、成绩，没有选课的学生也要显示。

```
代码 1: SELECT  Name,Cno,Grade
        FROM  Student  LEFT  JOIN  SC  ON  Student. Sno = SC. Sno
代码 2: SELECT  Name,Cno,Grade
        FROM  SC  RIGHT  JOIN  Student  ON  Student. Sno = SC. Sno
```

执行结果如图5-28所示。

结果 | 消息

	Name	Cno	Grade
1	江南	1	90
2	江南	2	NULL
3	南凌凌	1	56
4	南荷花	1	74
5	南荷花	2	61
6	张菊青	NULL	NULL

图 5-28　例题 5-28 的执行结果

说明：

内连接只能查询选课的学生信息，无法查出没选课的学生信息。本题需要以Student表为主表进行外连接查询，将Student表中所有学生都显示出来，Student表放在左侧就做左外连接，Student表放在右侧就做右外连接。学生张菊青没有选课，所以对应的课程号（Cno）和成绩（Grade）都是空值。

视 频

连接查询2-外连接、多表连接

例题5-29 没有学生选修的课程可能会取消，请查询哪些课程没有学生选，显示课程号和课程名。

```
代码 1: SELECT  Course. Cno,Cname
        FROM  Course  LEFT  JOIN  SC  ON  Course. Cno = SC. Cno
        WHERE  Sno  IS  NULL
代码 2: SELECT  Course. Cno,Cname
```

```
    FROM SC RIGHT JOIN Course ON Course. Cno = SC. Cno
    WHERE Sno IS NULL
```

执行结果如图5-29所示。

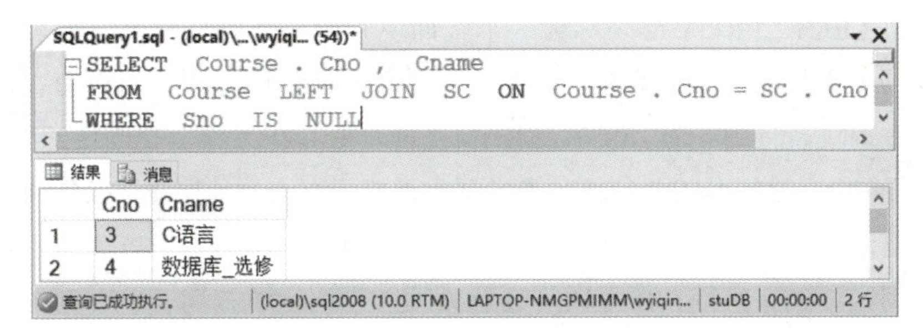

图 5-29　例题 5-29 的执行结果

说明：

本题无法用内连接实现，可以用外连接或者嵌套查询。3号和4号课程没有学生选，所以对应的SC表中的Sno、Cno和Grade都是空值。本题SELECT后面的Course. Cno不可以写成SC. Cno，请自己验证效果。

例题5-30 南荷花想认识同一民族的同学，请帮她查询有无人和她同一个民族。

```
代码：SELECT  s1. Name,s1. Ethnic
      FROM  Student  s1,Student  s2
      WHERE  s1. Ethnic = s2. Ethnic  AND  s2. Name = '南荷花'
```

执行结果如图5-30所示。

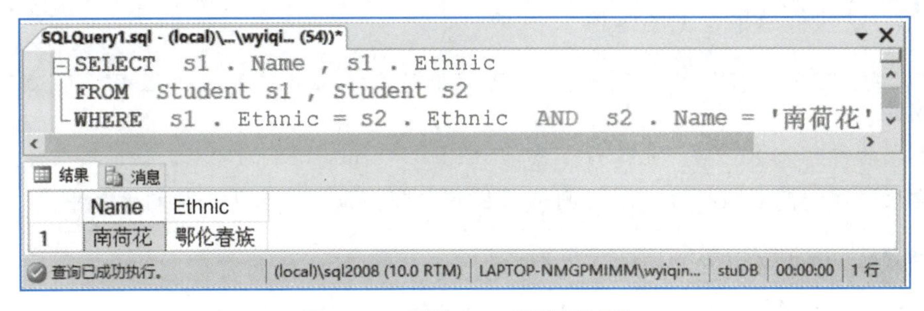

图 5-30　例题 5-30 的执行结果

说明：

本题是自身连接，就是一个表用两次，自己和自己做连接查询。这种情况需要将用两次的表分别起不同的别名，当作两张表对待，分清哪个表取什么数据，两个表的关联条件是什么就可以。但是两张表中所有列名都是同名，需要都写为"表的别名.列名"。本题第一个Student表取和南荷花同一个民族的学生姓名和民族，第二个Student表取南荷花的民族，连接条件是民族相同。最后的查询结果只有南荷花一人，表示无人和她同一个民族。

5.5 嵌套查询

一条SELECT...FROM语句称为一个查询块。连接查询只使用一个查询块，将所有用到的表都写在FROM关键字后面，用关联条件连接起来。而嵌套查询使用两个或多个查询块，将一个SELECT...FROM查询块嵌套在另一个查询块的WHERE或HAVING子句中，被嵌套的语句块称为内层查询或子查询，外层查询又称为父查询。

嵌套查询又分为不相关子查询和相关子查询两种。不相关子查询的子查询不依赖于父查询，可独立执行，由里向外逐层处理。先执行子查询，子查询的结果用于建立其父查询的查询条件，以下例题多数都是不相关子查询。相关子查询的子查询的查询条件依赖于父查询，需要经过外→里→外的过程，反复多次执行。先取外层查询结果中第一个元组，相关的属性值传入内层查询，若内层查询WHERE子句返回值为真，则此元组放入结果表，再取外层查询中下一个元组，重复这一过程，直至外层结果全部检查完为止。

视 频

嵌套查询1

例题5-31 没有学生选修的课程可能会取消，请查询哪些课程没有学生选，显示课程号和课程名。例题5-29是用外连接方式实现此题目，在此要求用嵌套查询实现。

```
代码：SELECT  Cno,Cname
      FROM  Course
      WHERE  Cno  NOT  IN  (SELECT  Cno  FROM  SC)
```

执行结果参见图5-29。

说明：

本题为不相关子查询。先执行子查询SELECT Cno FROM SC，查询哪些课程号已经有学生选课，然后执行父查询，判断课程表中哪些课程不在子查询的结果中。

例题5-32 南荷花想认识同一民族的同学，请帮她查询有无人和她同一个民族。例题5-30是用自身连接方式实现此题目，在此要求用嵌套查询实现。

```
代码：SELECT  Name,Nation  FROM  Student
      WHERE  Ethnic = (SELECT  Nation  FROM  Student  WHERE  Name = '南荷花')
```

执行结果参见图5-30。

说明：

很多嵌套查询都可以用连接查询实现，嵌套查询同样是通过两个表的关联字段将两个表关联起来，只是写法不同。SQL查询语句经常有多种写法，实际工作中要注重查询语句的优化，选择执行速度快的写法。

例题5-33 查找年龄最小的学生的姓名、性别和出生日期，并给出汉字别名。

```
代码 1: SELECT  Name 姓名 ,sex 性别 ,BirthDay 出生年月
        FROM  Student
        WHERE  BirthDay = (SELECT  MAX(BirthDay)FROM  Student)
代码 2: SELECT  TOP  1  Name 姓名 ,sex 性别 ,BirthDay 出生年月
        FROM  Student
        ORDER  BY  BirthDay  DESC
```

说明：

代码1是嵌套查询的不相关子查询，取最小年龄也就是取生日最大的，子查询取出的最大生日作为父查询的条件。代码2是采用降序排序取第一条的简单查询，但这个代码只能取出一行，如果有多名同学生日相同，且都是最小年龄就无法取出来。当前示例数据中只有南凌凌年龄最小，两个代码执行效果相同。

例题5-34 查询比平均学时高的课程号、课程名和学时。

```
代码: SELECT  Cno  课程号 ,Cname 姓名 ,hours 学时
      FROM  Course
      WHERE  hours >(SELECT  avg(hours)FROM  Course)
```

说明：

本题查询结果如图5-31所示，是2号和3号课程的信息，还可以改为基于派生表的连接查询。

结果 | 消息

	课程号	姓名	学时
1	1	数据库	64
2	2	计算思维	64

图 5-31　例题 5-34 的执行结果

例题5-35 查询选修了数据库课程的学生的姓名和性别。

```
代码: SELECT  Name,Sex  FROM  Student
WHERE  Sno  IN  (SELECT  Sno  FROM  SC
WHERE  Cno  IN  (SELECT  Cno  FROM  Course  WHERE  Cname = '数据库'))
```

说明：

本题是双层嵌套不相关子查询，先执行最里层的子查询，从Course表查询出数据库课程的课程号，用此课程号构成第二层子查询的条件，从SC表查询出选修了该课程的学生学号，然后用该学号构成最外层的父查询的条件，从Student表取出学生的姓名和性别。本题两次嵌套都使用介词IN，如果确定查询结果只有一条，可以将IN替换为等号“=”。

本题可以修改为：

```
SELECT  Name, Sex  FROM  Student
WHERE  Sno  IN  (SELECT  Sno  FROM  SC
```

```
WHERE  Cno=(SELECT  Cno  FROM  Course  WHERE  Cname = '数据库'))
```

例题5-36 查询每个学生超过他自己选修课程的平均成绩的课程号。

视 频

嵌套查询2-相关子查询

```
代码: SELECT  Sno,Cno
      FROM  SC  s1
      WHERE  Grade >(SELECT  avg(Grade)FROM  SC  WHERE  Sno = s1. Sno)
```

说明:

这是嵌套查询的相关子查询，子查询的条件和外查询相关，无法独立执行，需要经过外→里→外的过程，反复多次执行。查询结果是1003号学生选修的1号课程。

5.6 集合查询

视 频

集合查询

集合操作的种类有并操作UNION、交操作INTERSECT、差操作EXCEPT。参与集合操作的各查询结果的列数必须相同，对应项的数据类型也必须相同。并操作有UNION和UNION ALL两种，都是合并两个查询的查询结果，但是UNION自动去掉重复行。UNION ALL保留重复行。

例题5-37 查询哪些学生同时选修了“大数据导论”和“数据库”课程，显示出学生的学号。

```
代码: SELECT  distinct  Sno
      FROM  Course  c,SC
      WHERE  c. Cno = SC. Cno  and  Cname = '大数据导论'
      INTERSECT                                    -- 交操作
      SELECT  distinct  Sno
      FROM  Course  c,SC
      WHERE  c. Cno = SC. Cno  and  Cname = '数据库'
```

说明:

这是交操作，取两个查询结果的交集，结果是1001和1003两名学生的学号。

例题5-38 查询哪些学生选修了“大数据导论”但没有选修“数据库”课程，显示出学生的学号。

```
代码: SELECT  distinct  Sno
      FROM  Course  c,SC
      WHERE  c. Cno = SC. Cno  and  Cname = '大数据导论'
      EXCEPT              -- 差操作
      SELECT  distinct  Sno
      FROM  Course  c,SC
      WHERE  c. Cno = SC. Cno  and  Cname = '数据库'
```

说明：

这是差操作，从第一个查询结果只去掉在第二个查询结果中存在的行，结果是学号1002。

例题5-39 查询选修了“大数据导论”或者“数据库”的学生学号。

```
代码：SELECT  distinct  Sno
      FROM  Course  c,SC
      WHERE  c. Cno = SC.Cno  and  Cname = '大数据导论'
      UNION                                           -- 交操作
      SELECT  distinct  Sno
      FROM  Course  c,SC
      WHERE  c. Cno = SC. Cno  and  Cname = '数据库'
```

说明：

这是并操作，结果是1001、1002、1003，如果改为UNION ALL，结果就是1001、1002、1003、1001、1003，有重复学号。例题5-37~例题5-39示例了三种集合查询的用法，请读者考虑能否使用其他方法实现这些题目。

5.7 基于派生表的查询

视 频

基于派生表查询

例题5-40 查找年龄最小的学生的姓名、性别和出生日期，并给出汉字别名。请用基于派生表的查询实现。（例题5-33的另一种写法）

```
代码：SELECT  Name 姓名 ,sex 性别 ,BirthDay 出生年月
      FROM  Student,(SELECT  MAX(BirthDay)Birth  FROM  Student)m
      WHERE  BirthDay = Birth
```

说明：

此题用到了基于派生表（查询表）的连接查询，将取最大出生日期的查询语句结果作为数据源，给它起一个表名m，与Student表进行连接查询。FROM关键字后面可以是三种表：基本表、查询表和视图表，前面各例题都只基于基本表进行查询。

实验5 单表查询（一）

视 频

单表查询操作演示

一、实验目的

（1）熟练使用SQL语句完成选择、投影等单表查询语句。

（2）熟悉常见日期函数、字符串函数的使用方法。

二、实验内容

继续使用销售数据库中的四张表：Employee（员工）表、Product（商品）表、Customer（客户）表和Orders（订单）表，表结构见表第3章实验3的表3-4~表3-7所示，请使用SQL语句完成如下查询操作，每个查询只涉及一张表中的数据。

（1）查询所有客户的详细信息。

（2）查询所有客户的客户编号、客户名称、联系电话。

（3）查询哪些客户没有填写地址和Email。

（4）查询价格在100~300元之间的商品的编号、名称和价格。

（5）查询商品编号为1、3、5、7、9的商品的详细信息。

（6）查询价格最高的前十个商品的编号、名称和价格。

（7）查询所有员工的姓名及入职年限（使用日期函数）。

（8）查询员工入职年份分布在哪几年，不显示重复值（使用日期函数）。

（9）查询客户分布在哪几个城市（地址前三个字表示城市）。

（10）查询姓名第二个字是“恒”的客户，显示客户名称和电话的汉字别名。

实验 6 单表查询（二）

一、实验目的

（1）熟练使用SQL 语句完成选择、投影、排序等单表查询语句。

（2）熟悉常见聚合函数的使用方法。

二、实验内容

继续使用销售数据库中的四张表：Employee（员工）表、Product（商品）表、Customer（客户）表和Orders（订单）表，表结构见第3章实验3的表3-4~表3-7，请使用SQL语句完成如下查询操作，每个查询只涉及一张表中的数据。

（1）查询哪些员工姓名中含有“丽”字，显示员工姓名和性别。

（2）查询名字第二个字为“丽”，并且名字为两个字的员工详细信息。

（3）查询哪些客户名称含有“通”字，并且最后两个字是“公司”。

（4）统计一共有多少种商品。

（5）查询目前商品的库存量，也就是所有商品的库存量之和。

（6）查询某一天的销售订单数，具体哪一天自己指定。

（7）查询每个月的销售订单数，显示年月、订单数，并按订单数降序排序。

（8）查询购买了5号商品的客户编号和订购总数量，查询结果按照订购总数量排列。

（9）查询有多少个客户购买了5号商品，多次购买的不重复计数。

（10）查询每种商品的订单数和总销售数量。

（11）查询订单数量大于5 的商品编号。

实验 7 连接查询

一、实验目的

熟练使用SQL 语句编写各种多表连接查询语句。

二、实验内容

继续使用销售数据库中的四张表：Employee（员工）表、Product（商品）表、Customer（客户）表和Orders（订单）表，表结构见第3章实验3的表3-4~表3-7，请使用SQL语句完成如下查询操作，注意先判断每个查询涉及几张表中的数据。

（1）请查询购买了3号商品的客户名称、客户地址、订购时间、订购数量。

（2）请查询每种商品的订货总数量，显示商品名称、订货总数量，并按照订货总数量降序排列。

（3）请查询订单情况，显示订单编号、订货日期、商品名称、客户名称、订货数量。

（4）请继续查询订单情况，显示订单编号、订货日期、商品名称、客户名称、员工姓名、订货数量。

（5）请查询商品销售情况，显示商品名称、订货日期、订货数量，没有订单的商品也要显示。

（6）请查询哪些商品没有订单，显示商品编号和商品名称。

（7）请查询所有芜湖客户的客户编号、客户名称、联系电话、订单数量，并按照订单数量排序。

提示：可以在客户信息表中修改数据，验证查询效果。

（8）查询单笔订单订货数量大于500的商品信息，显示商品名称、单价、现有库存量，并按照现有库存量降序排列。

（9）查询订货次数超过两次的客户信息，显示客户编号、客户名称、联系电话、订货次数。

（10）查询订购同一种商品次数超过两次的客户信息，显示客户编号、客户名称、商品名称、订货次数。

实验 8 嵌套查询

一、实验目的

熟悉用SQL 语句以编写连接查询（内连接、外连接）、嵌套查询的语句。

二、实验内容

继续使用销售数据库中四张表：Employee（员工）表、Product（商品）表、Customer（客户）表和Orders（订单）表，表结构见第3章实验3的表3-4~表3-7，请使用SQL语句完成如下查询操作，注意先判断每个查询涉及几张表中的数据。

（1）请用嵌套查询语句查询哪些商品没有订单，显示商品编号和商品名称。

（2）请用嵌套查询语句查询处理订单最多的员工姓名、性别、工资，并给出汉字别名。

（3）请用嵌套查询语句查询购买了3号商品的客户编号、客户名称、客户地址、联系电话，并按照客户地址排序。

（4）请用嵌套查询语句查询购买了打印纸的客户编号、客户名称、客户地址、联系电话，并按照客户地址排序。

（5）请用嵌套查询语句查询订单超过三笔的商品编号、商品名称、单价、库存量，并按库存量升序排列。

（6）请用嵌套查询语句查询同时购买了打印纸和墨盒的客户信息，包括客户编号、客户名称、联系电话。

（7）请用嵌套查询语句查询购买了打印纸但没有购买墨盒的客户信息，包括客户编号、客户名称、联系电话。

（8）请用嵌套查询语句查询单笔订单订购数量排列前十的客户编号、客户姓名、联系电话。

实验 9 多种方式多表查询

一、实验目的

熟悉用SQL语句以多种方式编写多表查询语句，包括连接查询（内连接、外连接）、嵌套查询、集合查询、基于派生表查询等。

二、实验内容

继续使用销售数据库中的四张表：Employee（员工）表、Product（商品）表、

Customer（客户）表和Orders（订单）表，表结构见第3章实验3的表3-4~表3-7，请使用SQL语句完成如下查询操作，注意先判断每个查询涉及几张表中的数据，每个查询至少用两种方式实现。

（1）查询库存量低于100的商品订货信息，包括商品编号、订货时间、订货数量、客户编号，并按照商品编号、订货时间排序。

（2）查询某月（自己指定）订货超过三次的商品编号、商品名称、库存数量，并按照库存数量降序排列。

（3）请查询同时购买了打印纸、墨盒和鼠标的客户信息，包括客户编号、客户名称、联系电话。

（4）请查询同时购买了打印纸、墨盒，但没有购买鼠标的客户信息，包括客户编号、客户名称、联系电话。

（5）查询哪些客户没有购买任何商品，显示客户编号、客户名称、联系电话。

（6）请统计每月销售报表，显示年月、订单数量、订单总金额（订单金额=商品单价×订货数量）。

习 题

一、选择题

1. 有学生表：S（学号，姓名，性别，专业），查询“英语专业所有女同学姓名”的SQL语句是（　　）。

   A. SELECT * FROM S

   B. SELECT * WHERE S FROM 专业=英语

   C. SELECT 姓名 WHERE S FROM 专业=英语 AND 性别=女

   D. SELECT 姓名 FROM S WHERE 专业= ‘英语’ AND 性别='女'

2. 使用SQL语句进行分组检索，为了去掉不满足条件的分组，应当（　　）。

   A. 使用WHERE子句

   B. 先使用WHERE子句，再使用HAVING子句

   C. 先使用HAVING子句，再使用WHERE子句

   D. 先使用GROUP BY子句，再使用HAVING子句

3. 查询员工工资信息时，结果按工资降序排列，正确的是（　　）。

   A. ORDER BY 工资　　B. ORDER BY 工资DESC

   C. ORDER BY 工资 asc　　D. ORDER BY 工资DICTINCT

4. 模糊查询LIKE '_a%'，可能的结果是（　　）。

   A. Aili　　B. bai　　C. bba　　D. cca

5. 现有book表包含字段：价格price（float）、类别type（char），现在查询各个类别的最高价格、类别名称，以下语句中正确的是（　　）。

A. SELECT max（price）, type FROM book GROUP BY type

B. SELECT max（price）, type FROM book GROUP BY price

C. SELECT avg（price）, type FROM book GROUP BY price

D. SELECT min（price）, type FROM book GROUP BY type

6. 若要从Persons表中选取FirstName列以a开头的所有记录，以下语句中正确的是（　　）。

A. SELECT * FROM Persons WHERE FirstName LIKE 'a%'

B. SELECT * FROM Persons WHERE FirstName='a'

C. SELECT * FROM Persons WHERE FirstName LIKE '%a'

D. SELECT * FROM Persons WHERE FirstName='%a%'

7. 若要查找 student表中所有电话号码（列名：telephone）的第一位为8或6，第三位为0的电话号码，以下语句中正确的是（　　）。

A. SELECT telephone FROM student WHERE telephone LIKE '[8，6]%0*'

B. SELECT telephone FROM student WHERE telephone LIKE '（8，6）*0%'

C. SELECT telephone FROM student WHERE telephone LIKE '[8，6]_0%'

D. SELECT telephone FROM student WHERE telephone LIKE '[8，6]_0*'

8. 若要从Persons表中选取所有的列，以下语句中正确的是（　　）。

A. SELECT [all] FROM Persons　　B. SELECT Persons

C. SELECT * FROM Persons　　D. SELECT *.Persons

9. 若要从Persons表中选取FirstName列等于Peter的所有记录，以下语句中正确的是（　　）。

A. SELECT [all] FROM Persons WHERE FirstName='Peter'

B. SELECT * FROM Persons WHERE FirstName LIKE 'Peter'

C. SELECT [all] FROM Persons WHERE FirstName LIKE 'Peter'

D. SELECT * FROM Persons WHERE FirstName='Peter'

10. 查询Persons表中记录数的SQL语句是（　　）。

A. SELECT COLUMNS（*）FROM Persons

B. SELECT COLUMNS()FROM Persons

C. SELECT COUNT()FROM Persons

D. SELECT COUNT（*）FROM Persons

11. 查询至少参加两个项目的职工编号及参与项目数的SQL语句是：SELECT职工编号，COUNT（项目编号）FROM职工项目GROUP BY职工编号（　　）。

A. HAVING sum（项目编号）>=2　　B. HAVING sum（项目编号）<=2

C. HAVING count（项目编号）>=2　　D. HAVING count（项目编号）<=2

12. SC表有学号（Sno）、课程号（Cno）、成绩（Grade）属性，实现“查询学号为1001的学生所选课程的课程号和成绩，按成绩降序排列”的SELECT语句为（　　）。

A. SELECT Cno，Grade FROM SC ORDER BY Grade WHERE Sno='1001'

B. SELECT Cno，Grade FROM SC ORDER BY Grade WHERE Sno='1001'

C. SELECT Cno，Grade FROM SC WHERE Sno='1001' ORDER BY Grade DESC

D. SELECT Cno，Grade FROM SC WHERE Sno='1001' ORDER BY Grade

13. SC表有学号（Sno）、课程号（Cno）、成绩（Grade）属性，实现“查询已有学生选修的课程总数”的SELECT语句为（　　）。

A. SELECT SUM（DISTINCT Cno）FROM SC

B. SELECT SUM（Cno）FROM SC

C. SELECT COUNT（DISTINCT Cno）FROM SC

D. SELECT COUNT（Cno）FROM SC

14. SC表有学号（Sno）、课程号（Cno）、成绩（Grade）属性，实现“查询每个学生选课总数”的SELECT语句为（　　）。

A. SELECT Sno，SUM（Cno）FROM SC ORDER BY Sno

B. SELECT Sno，COUNT（Cno）FROM SC ORDER BY Sno

C. SELECT Sno，SUM（Cno）FROM SC GROUP BY Sno

D. SELECT Sno，COUNT（Cno）FROM SC GROUP BY Sno

15. SC表有学号（Sno）、课程号（Cno）、成绩（Grade）属性，实现“查询选课总数超过两门的学生的学号及选课总数”的SELECT语句为（　　）。

A. SELECT Sno，SUM（Cno）FROM SC ORDER BY Sno HAVING COUNT（Cno）>2

B. SELECT Sno，COUNT（Cno）FROM SC ORDER BY Sno HAVING COUNT（Cno）>2

C. SELECT Sno，COUNT（Cno）FROM SC GROUP BY Sno HAVING COUNT（Cno）>2

D. SELECT Sno，SUM（Cno）FROM SC GROUP BY Sno HAVING COUNT（Cno）>2

16. 假定学生关系是S（S#，SNAME，SEX，AGE）、课程关系是C（C#，CNAME，TEACHER）、学生选课关系是SC（S#，C#，GRADE），要查找选修COMPUTER课程的“女”学生姓名，将涉及关系（　　）。

A. S　　B. SC，C　　C. S，SC　　D. S，C，SC

17. 有学生表S（S#，SN，SEX，AGE，DEPT）和选课表SC（S#，C#，GRADE），其中S#为学号，SN为姓名，SEX为性别，AGE为年龄，DEPT为系别，C#为课程号，GRADE为成绩。若要检索学生姓名及其所选修课程的课程号和成绩，正确的SELECT语句是（　　）。

A. SELECT S.SN,SC.C#,SC.GRADE FROM S WHERE S.S#=SC.S#

B. SELECT S.SN,SC.C#,SC.GRADE FROM SC WHERE S.S#＝SC.GRADE

C. SELECT S.SN,SC.C#,SC.GRADE FROM S,SC WHERE S.S#=SC.S#

D. SELECT S.SN,SC.C#,SC.GRADE FROM S,SC

18. 在学生表S和选课表SC中，Sno为学号，实现“查询学生及其选课情况（基于左外连接）”的SELECT语句为（　　）。

A. SELECT S.*,SC.* FROM Student S JOIN SC ON S.Sno=SC.Sno

B. SELECT S.*,SC.* FROM Student S,SC WHERE S.Sno=SC.Sno

C. SELECT S.*,SC.* FROM Student S LEFT JOIN SC ON S.Sno=SC.Sno

D. SELECT S.*,SC.* FROM Student S OUTER JOIN SC ON S.Sno=SC.Sno

19. Student为学生表，SC为选课表，实现“查询学生表和选课表的笛卡儿积”的SELECT语句为（　　）。

A. SELECT * FROM Student S,SC WHERE S.Sno=SC.Sno

B. SELECT * FROM Student CLASS JOIN SC

C. SELECT * FROM Student CROSS JOIN IN SC

D. SELECT * FROM Student,SC

20. SC表有学号（Sno）、课程号（Cno）、成绩（Grade）属性，实现“查询选修了1号课程但没有选修2号课程的学生学号（基于集合查询）”的语句为SELECT Sno FROM SC WHERE Cno='1'（　　）SELECT Sno FROM SC WHERE Cno='2'。

A. EXCEPT　　B. ALL　　C. INTERSECT　　D. UNION

文 件

习题解析

第6章 视图

视图是一种常用的数据库对象，是由一个或几个基本表（或视图）导出的一个虚拟表，数据库中只存储视图的定义，并不存储视图对应的数据，数据都保存在基本表中。在使用视图时，DBMS自动进行“视图消解”，将对视图的一切操作（增、删、改、查）最终转换为对相应基本表的操作。当基本表中数据发生变化时，通过视图查询的数据也随之改变；修改视图中的数据，基本表数据也随之变化。视图为查看和存取数据提供了另外一种途径。

视图的主要作用：①简化操作；②提高数据安全性；③屏蔽数据库的复杂性；④使用户能以多种角度看待同一数据；⑤对重构数据库提供了一定程度的逻辑独立性。

若一个视图是从单个基本表导出的，并且只是去掉了基本表的某些行或某些列，但保留了主码，称这类视图为行列子集视图。一般RDBMS都允许对行列子集视图进行更新，对其他类型视图的更新，不同系统有不同限制。

6.1 创建视图

1. 创建视图的语法

```
CREATE  VIEW  视图名  [(列名 [,...n ])]  [ WITH  ENCRYPTION ]
AS
select_statement  [ WITH  CHECK  OPTION ]
```

参数说明如下：

（1）列名：表示视图中的列名，需要全部指定或者全部省略。

（2）WITH ENCRYPTION：对语句文本加密。

（3）AS：关键字，后面接视图定义的语句。

（4）select_statement：定义视图的 SELECT 语句，也就是外模式到模式的映射。

（5）WITH CHECK OPTION：强制针对视图执行的所有数据修改语句都必须符合在 select_statement 中设置的条件。

说明：

定义视图时，组成视图的列名或者全部省略或者全部指定，如果全部省略，则由SELECT目标列中列名作为视图列；如果SELECT某目标列是聚集函数或表达式，并且没有给出别名，则视图的列名不可省略。

视 频

视图

2. 创建视图的例题

例题6-1 建立所有少数民族学生信息的视图v_Student_ssmz。

```
代码：USE  stuDB
      GO
      CREATE  VIEW  v_Student_ssmz
      AS
      SELECT  *  FROM  Student  WHERE  Ethnic<>  '汉族'
```

说明：

本章的例题都是基于stuDB数据库中student表、course表和SC表，表结构参见第3章的表3-1~表3-3。第一次使用数据库需要使用USE命令打开数据库。

例题6-2 重新建立所有少数民族学生信息的视图v_Student_ssmz，要求通过该视图修改和插入数据时仍保证该视图只有少数民族的学生。

```
代码：DROP  VIEW  v_Student_ssmz
      GO
      CREATE  VIEW  v_Student_ssmz
      AS
      SELECT  *  FROM  Student  WHERE  Ethnic<>  '汉族'
      WITH  CHECK  OPTION
```

说明：

创建视图时加入WITH CHECK OPTION选项，在通过视图插入、修改数据时会自动检查数据是否符合定义视图的条件：nation<>'汉族'，不符合则拒绝操作。

可以通过查询系统视图的方式判断视图是否存在，若存在则先删除后创建，删除视图的代码改如下：

```
IF  EXISTS (SELECT  *  FROM  INFORMATION_SCHEMA. VIEWS
              WHERE  table_name  =  'v_Student_ssmz')
DROP  VIEW  v_Student_ssmz
```

例题6-3 基于多个基表的视图，创建学生的成绩视图（包括学号、姓名、民族、课程名、成绩）。

代码：
```
CREATE VIEW  v_grade
AS
SELECT SC. Sno  as 学号 ,name  as 姓名 ,ethnic  as 民族 ,
Cname  as 课程名 ,Grade  as 成绩
FROM   Student,Course,SC
WHERE  Student. Sno = SC. Sno  and  Course. Cno = SC. Cno
```

例题6-4 基于视图的视图，创建少数民族学生的成绩视图（包括学号、姓名、课程名、成绩）。

代码：
```
CREATE  VIEW  v_grade_ssmz
AS
SELECT 学号 , 姓名 , 课程名 , 成绩
FROM    v_grade
WHERE 民族 <> '汉族'
```

说明：

例题6-3已经创建了全体学生成绩情况的视图，本例题的视图内容是例题6-3视图的子集，视图上还可以再创建视图。

例题6-5 带表达式的视图。定义一个反映学生年龄的视图。

代码：
```
CREATE  VIEW  v_studentNL(Sno,name,Sex,Ethnic,nl)
AS
SELECT  Sno,name,Sex,Ethnic,year(GETDATE())- year(Birthday)FROM Student
GO
```

说明：

前面例题中都没有给出视图中的列名，用SELECT查询语句中的列名作为视图的列名。本例题SELECT 语句中有一个计算学生年龄的计算列，而且没有给计算列别名，就必须在视图名字后面给出视图的列名。

例题6-6 分组视图。将学生的学号及其平均成绩定义为一个视图。

代码：
```
CREATE  VIEW  v_G
AS
SELECT  Sno,AVG(Grade)as  Gavg  FROM  SC  GROUP BY  Sno
```

说明：

本例题SELECT语句中用聚合函数计算平均成绩，在语句中给出了列的别名，此时视图可以省略列名，表示使用SELECT语句中的列名作为视图列名。

例题6-7 不指定属性列。将Student表中所有女生记录定义为一个视图。

代码：
```
CREATE  VIEW  v_Student(Sno,name,sex,ethnic,birthday)
AS
SELECT  *  FROM  Student  WHERE  sex = '女'
```

说明：

本例题给出了视图的列名，但SELECT 语句中没有写具体列名，用“*”号查询表中的所有列，这样写语句会影响数据逻辑独立性。因为如果Student表需要增加列，Student表与视图v_Student的列就不再对应，映象关系被破坏，导致该视图错误，也影响相关应用程序。所以提醒读者，定义视图时不应该写SELECT *，应该把列名逐个写上。

6.2 修改视图

1. 修改视图的语法

```
ALTER  VIEW  视图名 [ (列名 [,...n])]  [WITH  ENCRYPTION]
AS
select_statement  [ WITH CHECK OPTION ]
```

说明：

修改视图需要给出视图的完整定义，此操作可以用删除视图，然后再重新创建的操作替代。视图中不存数据，数据都保存在基本表中，删除视图不会造成数据丢失。

2. 修改视图的例题

例题6-8 修改视图v_Student_ssmz，改为查询所有汉族的学生。

```
代码：ALTER  VIEW v_Student_ssmz
      AS
      SELECT  *  FROM  Student  WHERE  ethnic ='汉族'
      WITH  CHECK  OPTION
```

6.3 删除视图

1. 删除视图的语法

```
DROP  VIEW  视图名 [,…n]
```

说明：

该语句的作用是从数据字典中删除指定视图的定义，不会删除数据。删除基本表时才会删除数据。删除基本表时，由该表导出的所有视图依旧存在，只是不可用，等该表重新建好，视图继续可用。

2. 删除视图的例题

例题6-9 删除视图v_Student_ssmz。

```
代码：DROP  VIEW  v_Student_ssmz
```

6.4 使用视图

1. 使用视图查询数据的例题

例题6-10 在V_G视图中查询平均成绩在90分以上的学生学号和平均成绩。

```
代码：SELECT  *  FROM  v_G  WHERE  Gavg>=90
```

说明：

FROM后面的数据源可以是三种表，即基本表、查询表和视图表。使用视图可以简化查询操作。如果事先没有创建V_G视图，查询平均成绩在90分以上的学生学号和平均成绩的操作可以用如下代码完成。

```
代码：SELECT  Sno,AVG(Grade)AS  Gavg  FROM  SC
      GROUP  BY  Sno  having  AVG(Grade)>= 90
```

2. 使用视图更新数据的例题

例题6-11 利用少数民族学生信息的视图v_Student_ssmz修改学生数据，将学号为1003的学生姓名改为“晴空万里”。

```
代码：UPDATE  v_Student_ssmz
      SET  name = '晴空万里'
      WHERE  Sno = 1003
```

说明：

视图并不存储数据，修改视图中的数据，实际上是修改视图对应的基本表中的数据。执行语句时系统自动根据视图的定义将语句转换为对基本表数据的修改，此转换过程称为“视图消解”，转换后的语句见表6-1。

表6-1 视图消解后的语句

转换后的语句	视图创建语句
UPDATE Student SET name = '晴空万里' WHERE Sno = 1003 and ethnic<> '汉族'	CREATE VIEW v_Student_ssmz AS SELECT * FROM Student WHERE ethnic<> '汉族' WITH CHECK OPTION

例题6-12 向少数民族学生信息视图v_Student_ssmz中插入一个新的学生记录：张亮，男，鄂伦春族，生日为2007.10.10。

代码：
```
USE  stuDB
GO
INSERT  INTO  v_Student_ssmz
VALUES('张亮','男','鄂伦春族','2007.10.10')
```

说明：

Student表中学号（Sno）是标识列，自动赋值，所以不需要给值。除Sno之外的列的数量和顺序与VALUES语句中值的数量和顺序一致，视图名后面就可以省略列名。

例题6-13 向少数民族学生信息视图v_Student_ssmz中插入一个新的学生记录：赵凯，男，汉族。

代码：
```
INSERT  INTO  v_Student_ssmz(name,Sex,Ethnic)
VALUES('赵凯','男','汉族')
```

说明：

同样都是插入数据的语句，例题6-2的语句执行成功，例题6-13的语句执行失败。因为例题6-2创建视图v_Student_ssmz的语句中有WITH CHECK OPTION选项，限制只能插入民族不是"汉族"的数据。

例题6-14 删除少数民族学生信息视图v_Student_ssmz中学号为1001的学生信息。

代码：
```
DELETE  FROM  v_Student_ssmz
WHERE  Sno = 1001
```

说明：

此代码能够正确执行，但学号为1001的学生是汉族，并未删除。因为系统自动将其转换为对基本表数据进行删除的代码：DELETE FROM Student WHERE Sno = 1001 AND ethnic<>'汉族'。

例题6-15 通过视图v_G修改学号为1001学生的平均成绩为90分。

代码：
```
UPDATE  V_G  SET  Gavg = 90  WHERE  Sno = 1001
```

说明：

此语句执行失败，因为无法通过视图消解法将其转换为对基本表数据进行修改的语句。不是所有的视图都是可更新的，DBMS一般只允许对行列子集视图进行更新，视图v_Student_ssmz是行列子集视图。

实验 10 视图的使用

一、实验目的

（1）了解视图的用途。

（2）熟悉视图的定义和使用方法。

二、实验内容

继续使用销售数据库中四张表：Employee（员工）表、Product（商品）表、Customer（客户）表和Orders（订单）表，表结构参见第3章实验3的表3-4~表3-7。请使用SQL语句完成如下查询操作：

（1）创建视图v_1，包含客户编号、客户姓名、联系电话，以便限制一些用户只能访问这一部分信息。

（2）创建视图v_2，显示订单编号、订货日期、商品名称、客户名称、员工姓名、订货数量。

（3）创建日统计视图v_3，每一天显示一条，显示内容为日期、订单数量、订单总金额（订单金额=商品单价×订货数量）。

（4）通过视图v_1查询客户编号、客户姓名、联系电话。

（5）通过视图v_1增加一个新客户信息。

（6）通过视图v_2查询订货数量小于10的订单编号、订货日期、商品名称、客户名称、订货数量。

（7）通过视图v_2查询每种商品的订货总数量，显示商品名称、订货总数量。

（8）通过视图v_2按照订单编号删除一条数据，检验是否能删除。

（9）通过视图v_3查询订单数量大于3的日期、订单数量、订单总金额。

（10）通过视图v_3删除一条数据，检验是否能删除。

习 题

一、选择题

1. SQL中，创建视图的命令是（　　）。

   A. CREATE TABLE　　B. CREATE VIEW

   C. CREATE INDEX　　D. CREATE PROC

2. SQL中，删除一个视图的命令是（　　）。

   A. DELETE VIEW　　B. DROP VIEW

C. CLEAR VIEW　　　　D. REMOVE VIEW

3. 以下关于视图的说法不正确的是（　　）。

A. 视图是个虚表　　　　B. 所有的视图均可以更新

C. 可以对视图进行查询　　　　D. 视图可以简化用户的操作

4. 在数据库系统中，当视图创建完毕后，数据字典中保存的是（　　）。

A. 查询语句　　　　B. 所引用的基本表的定义

C. 视图定义　　　　D. 查询结果

5. 以下关于视图的叙述中错误的是（　　）。

A. 视图不存储数据，但可以通过视图访问数据

B. 视图提供一种数据安全机制

C. 视图可以实现数据的逻辑独立性

D. 视图能够提高对数据的访问效率

6. 关系模式图书（图书编号，图书类型，图书名称，作者，出版社，出版日期），图书编号唯一标识一本图书，建立“计算机”类图书视图VBOOK，并要求进行修改、插入操作时保证视图只有计算机类图书，实现上述要求的SQL语句：CREATE VIEW VBOOK AS SELECT图书编号，图书名称，作者FROM图书WHERE图书类型='计算机'（　　）。

A. FOR ALL　　　　B. PUBLIC

C. WITH CHECK OPTION　　　　D. WITH GRANT OPTION

7. 以下定义的4个视图中，能够进行更新操作的是（　　）。

A. CREATE VIEW S_G（学号，姓名，课程名，分数）AS
SELECT S.学号，姓名，课程名，分数 FROM student S，score SC，course C
WHERE S.学号=SC.学号 AND SC.课程号=C.课程号

B. CREATE VIEW S_AVG（学号，平均分数）AS
SELECT 学号，AVG（分数）FROM score WHERE 分数 IS NOT Null
GROUP BY 学号

C. CREATE VIEW S_MALE（学号，姓名）AS
SELECT 学号，姓名 FROM student WHERE 班号='1501'

D. CREATE VIEW S_FEMALE（姓名，出生日期）AS
SELECT 姓名，出生日期 FROM student WHERE 性别='女'

8. 在视图上不能完成的操作是（　　）。

A. 更新视图　　　　B. 查询

C. 在视图上定义新的基本表　　　　D. 在视图上定义新视图

9. 视图是一个“虚表”，视图的构造基于（　　）。

A. 基本表　　　　B. 视图

C. 基本表或视图　　　　D. 数据字典

10. 定义视图语句：CREATE VIEW v_em AS SELECT EmployeeID，EmployeeName，Sex FROM Employee；如果希望加密该视图定义语句，应该使用（　　）语句。

A. ENCRYPTION　　　　B. WITH ENCRYPTION

C. WITH CHECK OPTION　　　　D. WITH GRANT OPTION

文件

习题解析

第7章 数据库安全

数据库的特点之一是由DBMS提供统一的数据保护功能，保证数据的安全可靠和正确有效，也就是包括保护数据库的安全性和完整性。数据库完整性是通过各种约束，防止合法的用户输入不符合语义、不正确的数据，而数据库安全性是防范非法用户和非法操作，避免造成数据泄露、更改或破坏。

数据库的安全性和计算机系统的安全性紧密相关，计算机以及信息安全方面有一系列国际通用的安全标准，安全标准也扩展到数据库管理系统，划分为四组七个安全等级，从低到高依次是D、C（C1，C2）、B（B1，B2，B3）、A（A1），系统可靠和可信程度逐渐增高并且向下兼容。其中，C2级是安全产品的最低档次，具备自主存取控制（DAC），并实施审计和资源隔离。B1级以上才具备强制存取控制（MAC）功能。

安全措施是逐级设置的，最外层的是用户身份验证。通过身份验证并不代表可以访问数据库中的数据，还需要获取访问数据库的权限，也称为授权。SQL Server中授权的大致步骤如下：①用有权限的账户登录SSMS；②创建新的SSMS登录账户；③创建数据库用户关联到该登录账户；④为该数据库用户授权。

7.1 身份验证模式

登录SSMS需要身份验证。SQL Server有两种身份验证模式：Windows身份验证模式和混合身份验证模式。在安装SQL Server时指定身份验证模式，使用过程中可以进行修改，修改的步骤为：启动SSMS，右击“对象资源管理器”窗口中的服务器名称，在弹出的快捷菜单中选择“属性”命令，（见图7-1），打开“服务器属性”窗口。

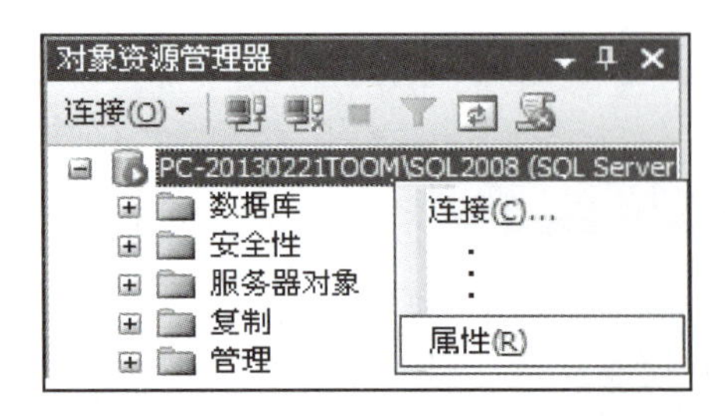

图7-1 选择“属性”命令

在“服务器属性”窗口的“安全性”页面进行设置，如图7-2所示。

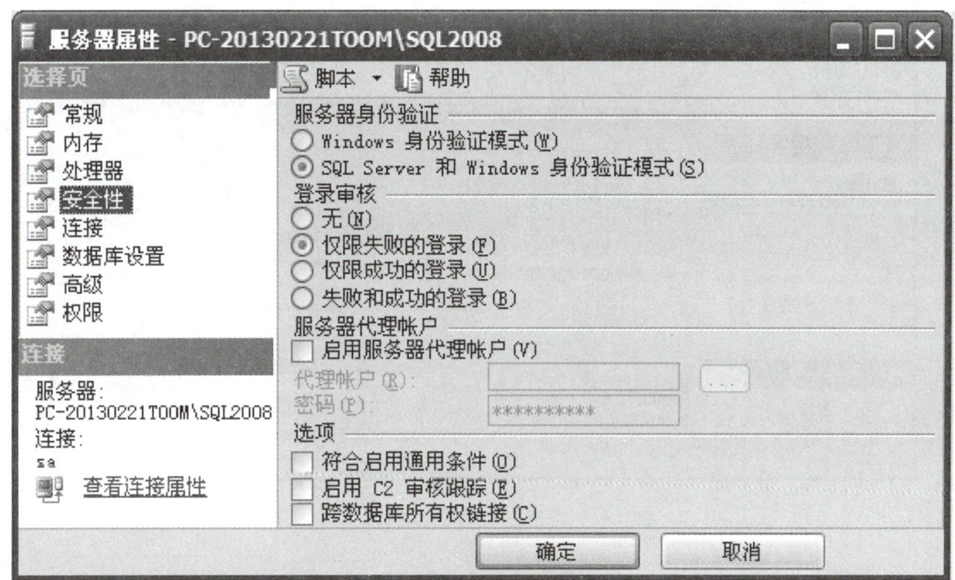

图 7-2 “服务器属性”窗口

7.2 登录账户管理

SQL Server在安装时自动创建一个登录账户sa，sa具有数据库服务器的最高权限，可执行服务器范围内的所有操作，属于Sysadmin服务器角色。sa账户的权限大，应该仅限于管理员使用，对其他用户应该创建新的账户并授予定制的小权限，以保护数据库安全。创建新账户的方式有多种，选择一种方式即可。

7.2.1 创建登录账户

1. 在 SSMS 上创建 SQL Server 登录账户

启动SQL Server Management Studio，在“对象资源管理器”窗口选择“安全性”，右击“登录名”，选择“新建登录名”命令，如图7-3所示。

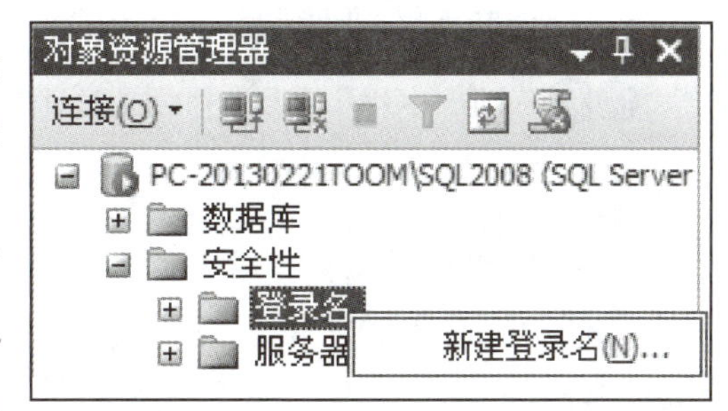

图 7-3 选择“新建登录名”命令

打开“登录名-新建”窗口，在“常规”选项页输入登录名，选中“SQL Server身份验证”单选按钮，输入并确认密码，取消选中“强制实施密码策略”复选框，选择默认数据库，单击“确定”按钮，设置效果如图7-4所示。

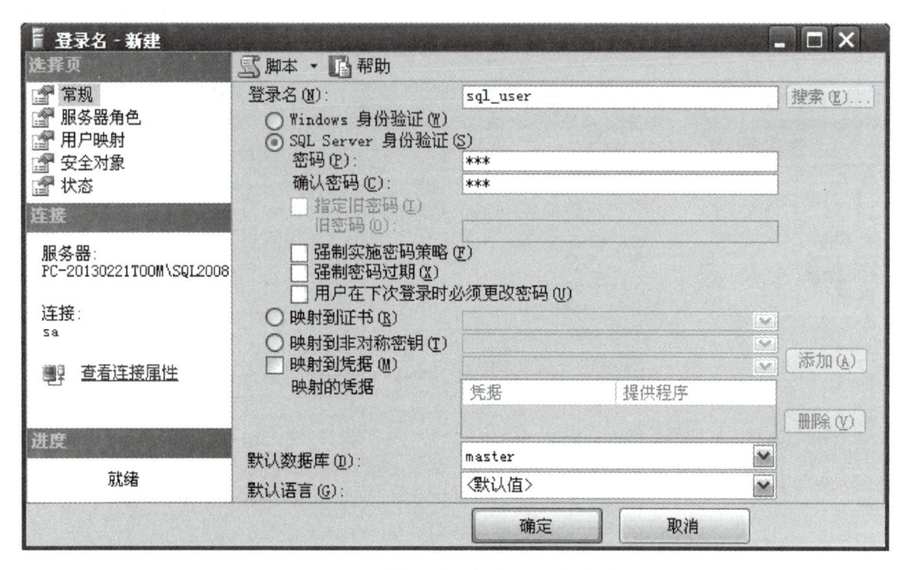

图 7-4　选择“新建登录名”命令

2. 使用 CREATE 语句创建 SQL Server 登录账户

```
CREATE  login  登录账户名  With  password = '密码',
[ Default_database = 默认数据库名 ]
```

说明:

Default_database默认为master数据库，也可以设置为自建的用户数据库。

3. 使用系统存储过程创建 SQL Server 登录账户

```
sp_addlogin  '登录账户名','密码','默认数据库名'
```

说明:

用有权限的用户登录才可以创建登录账户，创建登录账户操作应该在master数据库下进行。

4. 创建登录账户的例题

例题7-1 使用CREATE语句创建登录账户w1，密码为1111。

```
代码: USE  master
      GO
      CREATE  login  w1  with  password = '1111'
```

例题7-2 使用CREATE语句创建登录账户w2，密码为2222，默认数据库为bookDB。

```
代码: USE master
      GO
      CREATE  login  w2
```

```
        With  password = '2222',
        Default_database = bookDB
```

说明：

创建完成后在SSMS“对象资源管理器”→“安全性”→“登录名”中可以查看到新建的账户，如图7-5所示。用此新创建的账户可以连接到SQL Server 服务器，但是还不能访问数据库，访问数据库会出现错误（见图7-6），还需要映射到数据库用户。

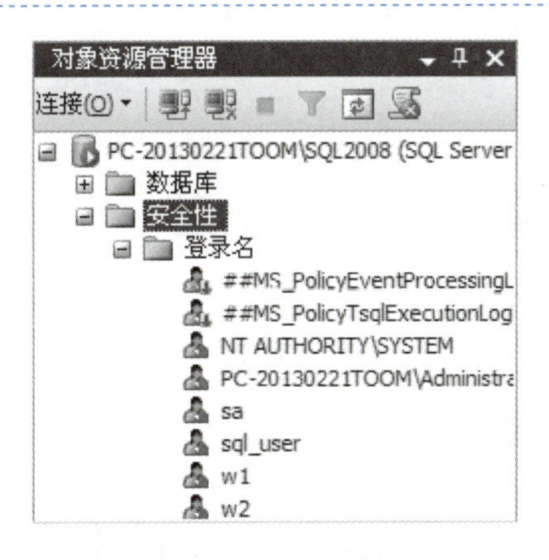

图 7-5　查看新建的登录账户

例题7-3 使用系统存储过程重新创建登录账户w1和w2。

```
代码：sp_addlogin  'w1','1111'
      GO
      sp_addlogin  'w2','2222','bookDB'
```

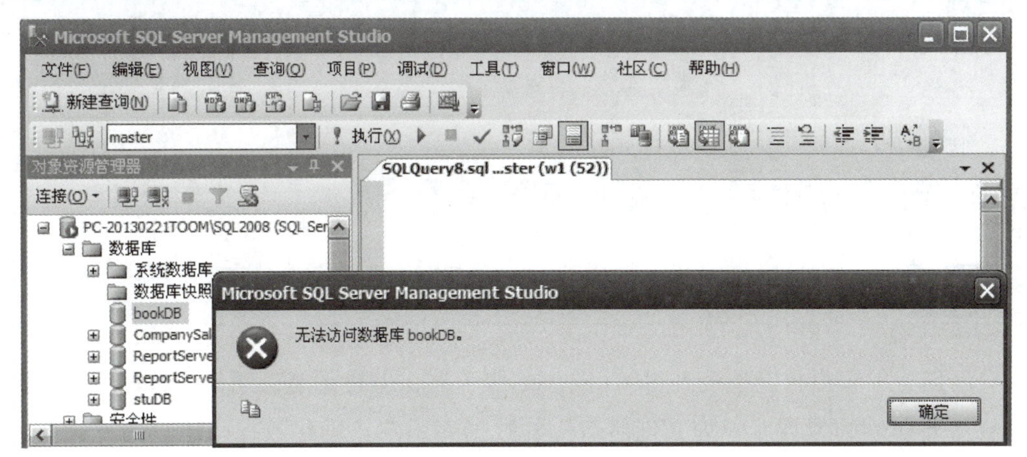

图 7-6　未授权的新账户的登录效果

7.2.2　修改登录账户属性

对已经创建的登录账户可以修改登录密码、默认数据库等属性，还可以删除账户。

1. 使用 ALTER 语句修改 SQL Server 登录账户

```
ALTER  login  登录名
with
Password = '新密码'
Old_password = '旧密码'
Default_database = 默认数据库名
```

2. 使用系统存储过程修改 SQL Server 登录账户

（1）修改登录密码：

```
sp_password  '旧密码','新密码','登录账户名'
```

（2）修改默认数据库：

```
sp_defaultdb  '登录账户名','访问的数据库'
```

（3）删除账户：

```
sp_droplogin  '登录账户名'
```

3. 修改登录账户的例题

例题7-4 使用ALTER语句将登录账户w1的密码由1111改为1。

```
代码：ALTER  login  w1
     with
     Password = '1'
     Old_password = '1111'
```

例题7-5 使用系统存储过程将登录账户w1的密码再由1改为123。

```
代码：sp_password  '1','123','w1'
```

例题7-6 使用系统存储过程将登录账户w2的登录默认数据库改为master。

```
代码：sp_defaultdb  'w2','master'
```

例题7-7 使用系统存储过程删除登录账户w2。

```
代码：sp_droplogin  'w2'
```

7.3 数据库用户管理

新创建的账户只能连接到 SQL Server 服务器，但是不能访问任何数据库，还需要在将要访问的数据库中为其创建对应的数据库用户。创建数据库用户的方式同样有多种。

7.3.1 添加数据库用户

1. SSMS 上创建数据库用户

将前面创建的登录账户SQL_user映射到bookDB数据库。在bookDB数据库中新建一个DBuser1数据库用户的步骤如下：

启动SSMS，以Windows身份验证或以超级用户身份登录（如sa），在“对象资源管理器”窗口选择“数据库”→bookDB→“安全性”，右击“用户”，选择“新建用户”命令，如图7-7所示。

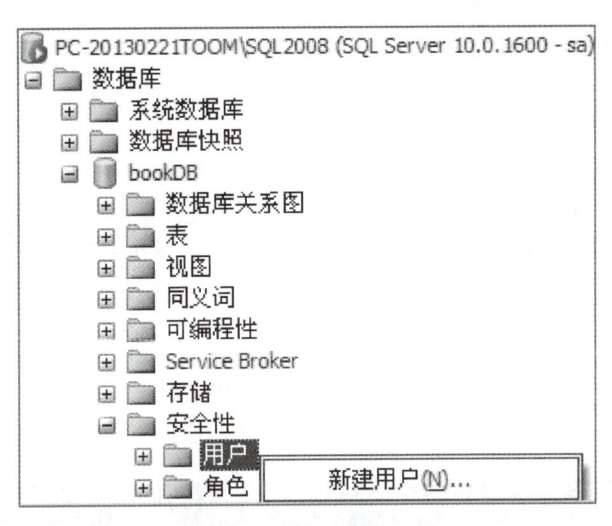

图 7-7 新建数据库用户

如图7-8所示，在打开的“数据库用户-新建”窗口的“用户名”文本框输入用户名DBuser1，单击“登录名”右侧的 ... 按钮打开“选择登录名”对话框（见图7-9），单击“浏览”按钮打开“查找对象”对话框，如图7-10所示。

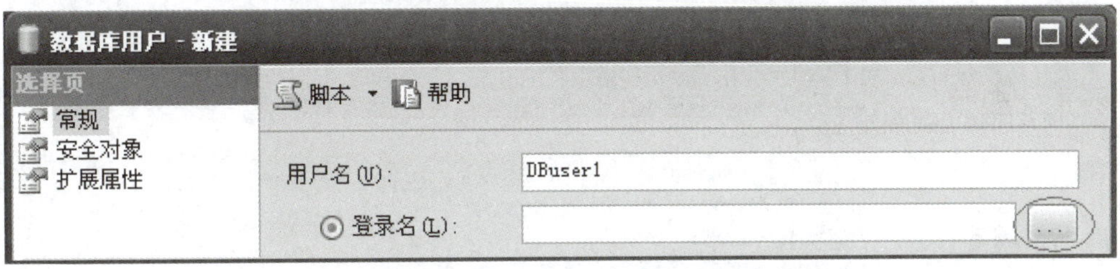

图 7-8 “数据库用户 - 新建”窗口

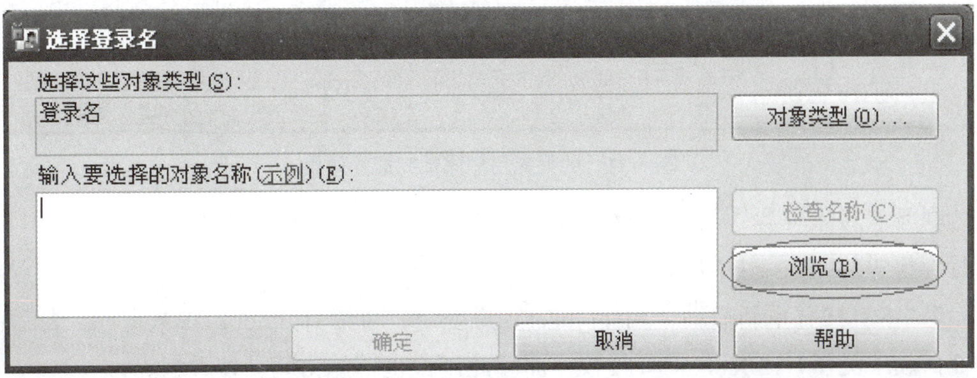

图 7-9 “选择登录名”对话框

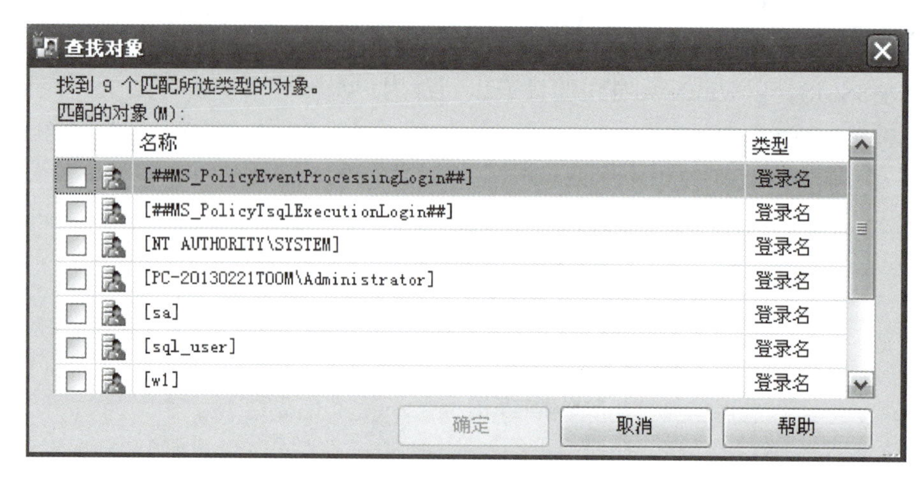

图 7-10 “查找对象”对话框

在“查找对象”对话框选中先前创建的登录账户sql_user，单击两次“确定”按钮返回到“数据库用户-新建”窗口，设置效果如图7-11所示。单击“确定”按钮完成创建。

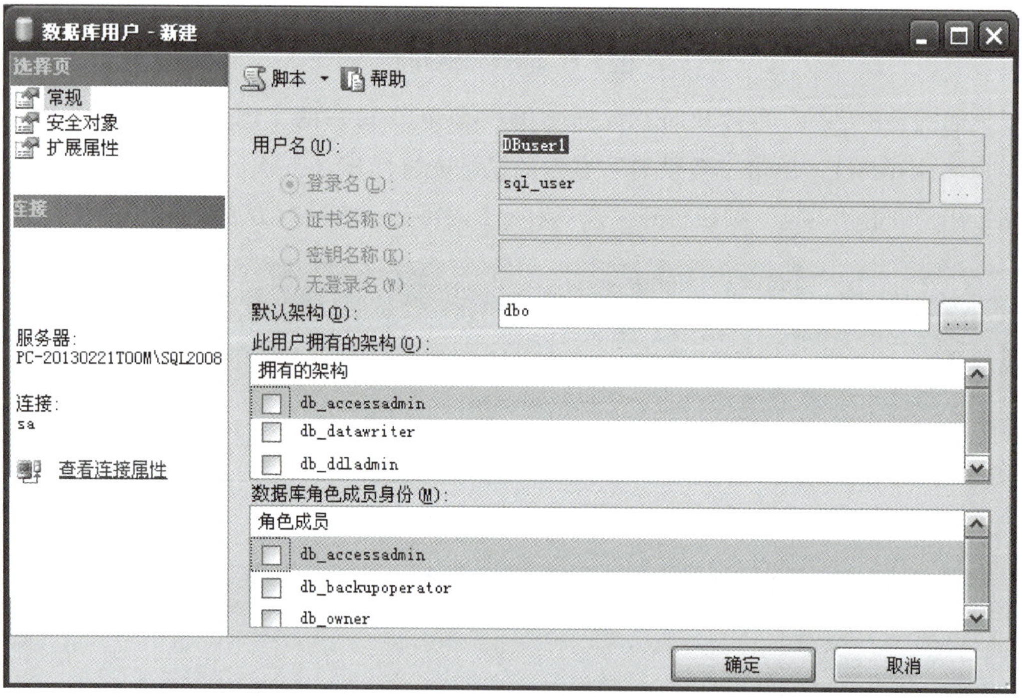

图 7-11 数据库用户添加完成的效果

刷新“对象资源管理器”，可以在“数据库”→bookDB→“安全性”→“用户”中看到新建的DBuser1用户。

退出SSMS并重新启动，用sql_user账户登录，可以打开bookDB数据库，却看不到任何表（见图7-12），还需要授权，而且此用户也不能访问其他数据库。

图 7-12 SQL_user 账户登录无法访问表

说明：

SQL Server安装时自动创建两个默认数据库用户dbo和guest，dbo用户拥有数据操作的所有权限，是账户sa在数据库中的映射。SQL Server数据库中默认模式是dbo，意味着执行SELECT * FROM t命令，实际上执行的是SELECT * FROM dbo. t命令。

2. 使用 CREATE 语句创建数据库用户

```
CREATE  user  数据库用户
FOR  login  登录账户名
with  default_schema = dbo
```

3. 使用系统存储过程创建数据库用户

```
sp_adduser  '登录账户名','数据库用户名'
```

4. 创建数据库用户的例题

例题7-8 将登录账户w1添加到bookDB数据库，用户名为wdb1。

```
代码：USE  bookDB
      GO
      CREATE  user  wdb1  FOR  login  w1
```

例题7-9 使用系统存储过程将登录账户w1添加到bookDB数据库，用户名为wdb1。

```
代码：USE  bookDB
      GO
      sp_adduser  'w1','wdb1'
```

创建完成后可以查看到新建的数据库用户wdb1，如图7-13所示。

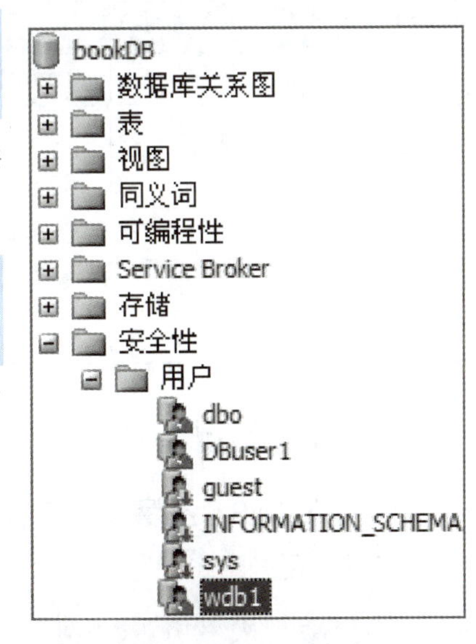

图 7-13 查看新建的数据库用户

7.3.2 删除数据库用户

1. 使用 SQL 语句删除数据库用户

```
DROP  user  数据库用户名
```

2. 使用系统存储过程删除数据库用户

```
sp_dropuser  '数据库用户名'
```

3. 删除数据库用户的例题

例题7-10 使用SQL语句从bookDB数据库中删除用户wdb1。

```
代码：USE  bookDB
     GO
     DROP  user  wdb1
```

例题7-11 使用系统存储过程删除数据库用户wdb1。

```
代码：USE  bookDB
     GO
     sp_dropuser  'wdb1'
```

7.4 权限管理

创建好数据库用户并关联到新建登录账户，用该账户登录就可以访问此数据库，但是有可能还访问不到任何表或视图等，因为还需要进一步授权，给数据库用户授予访问数据对象的权限。

授权分为数据库级权限和数据库对象级权限，授予了数据库级权限，则该用户对此数据库中所有对象都具有这个权限。授予了数据库对象级权限，则该用户仅对此数据库对象有权限。权限设置完毕后使用该账户登录检验权限。数据库中主要存取权限见表7-1。

表7-1 数据库中主要存取权限

对象类型	对　象	操作类型
数据库模式	模式	CREATESCHEMA
	基本表	CREATETABLE、ALTERTABLE
	视图	CREATEVIEW
	索引	CREATEINDEX
数据	基本表和视图	SELECT、INSERT、UPDATE、DELETE、REFERENCES、ALLPRIVILEGES
	属性列	SELECT、INSERT、UPDATE、REFERENCES、ALL PRIVILEGES

7.4.1 设置数据库权限

1. 在 SSMS 上设置数据库权限

打开“数据库属性-bookDB”窗口，在“权限”选项页中为数据库用户DBuser1设置访问bookDB数据库的权限，需要设置的权限是INSERT和SELECT，设置过程为：选择“对象资源管理器”→“数据库”，右击bookDB，在弹出的快捷菜单中选择“属性”命令，打开“数据库属性-bookDB”窗口。进入“权限”选择页，可以看到DBuser1用户目前只有“连接”权限，如图7-14所示。

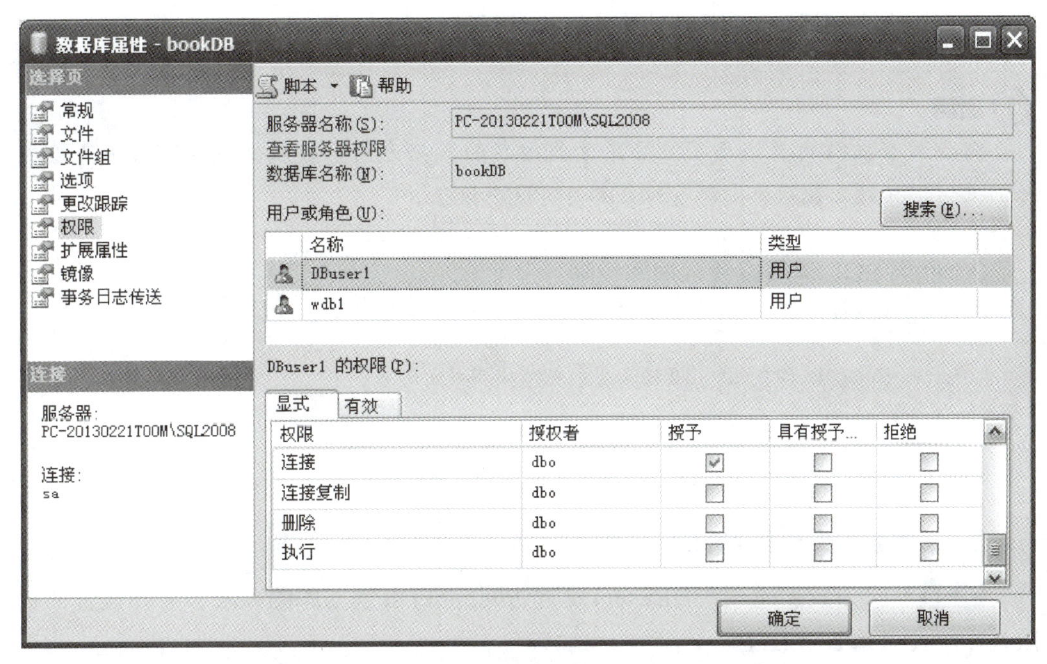

图 7-14　设置数据库权限

为DBuser1授予“插入”和“选择”权限，设置完毕单击“确定”按钮保存，之后再进入属性页面，选择DBuser1用户，切换到“有效”选项卡（见图7-15），可以看到该用户具有了三个权限：CONNECT、SELECT、INSERT。

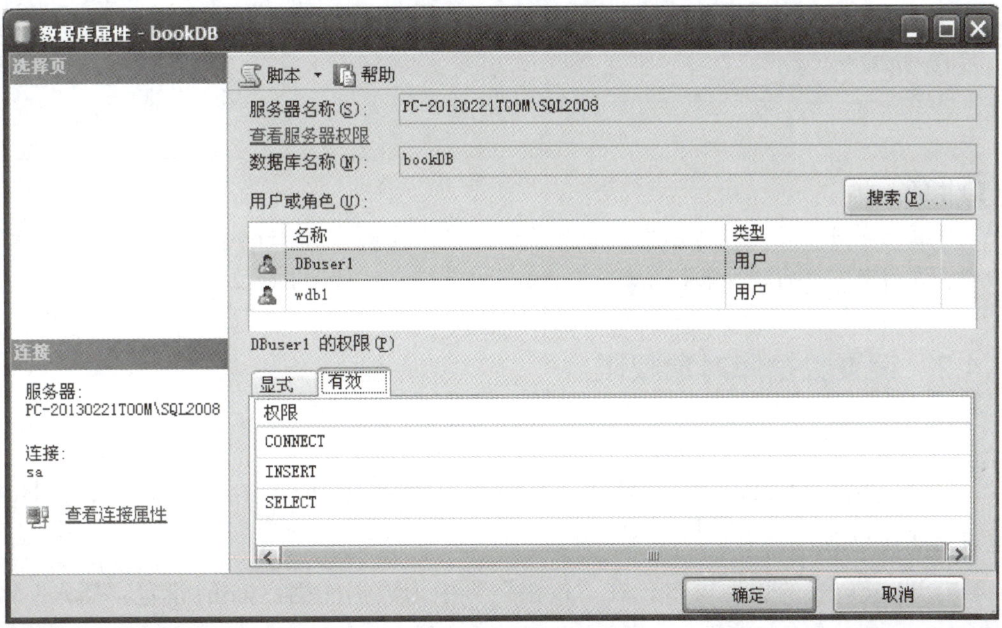

图 7-15　“有效”选项卡

此时再用SQL_user账户登录到SSMS，就可以在bookDB数据库中查询和插入数据，但不能更新和删除数据。因为SQL_user账户映射到了bookDB数据库中的DBuser1用户，而DBuser1用户只具备CONNECT、SELECT、INSERT三个权限。

说明：

需要用有权限的数据库用户登录才能给新的数据库用户授权。设置了数据库级权限，则该用户对此数据库中所有对象都具有这个权限。

2. 使用 SQL 语句设置数据库权限

（1）授予权限：

```
Grant  语句权限名  TO <数据库用户名 || 用户角色名>
```

（2）回收权限：

```
REVOKE  语句权限名  FROM <数据库用户名 || 用户角色名>
```

3. 设置数据库权限的例题

例题7-12 为数据库用户DBuser1设置访问bookDB数据库的权限，需要设置的权限是UPDATE 和DELETE。

```
代码：USE  bookDB
     GO
     Grant  UPDATE,DELETE  to  DBuser1
```

例题7-13 将数据库用户DBuser1设置访问bookDB数据库的DELETE权限回收回来。

```
代码：USE  bookDB
     GO
     REVOKE  DELETE  FROM  DBuser1
```

说明：

设置完毕可以选择“对象资源管理器”→“数据库”，右击bookDB，选择“属性”命令，在打开窗口的“权限”页面看到DBuser1数据库用户权限的变化。

7.4.2 设置数据库对象权限

1. 在 SSMS 上设置数据库对象权限

设置wdb1用户对bookDB数据库中的books表具有SELECT 和INSERT权限，对其他表无任何权限。

打开books表的属性窗口，在“权限”页中为数据库用户wdb1设置“插入”和“选择”权限，存盘后退出SSMS，如图7-16所示。

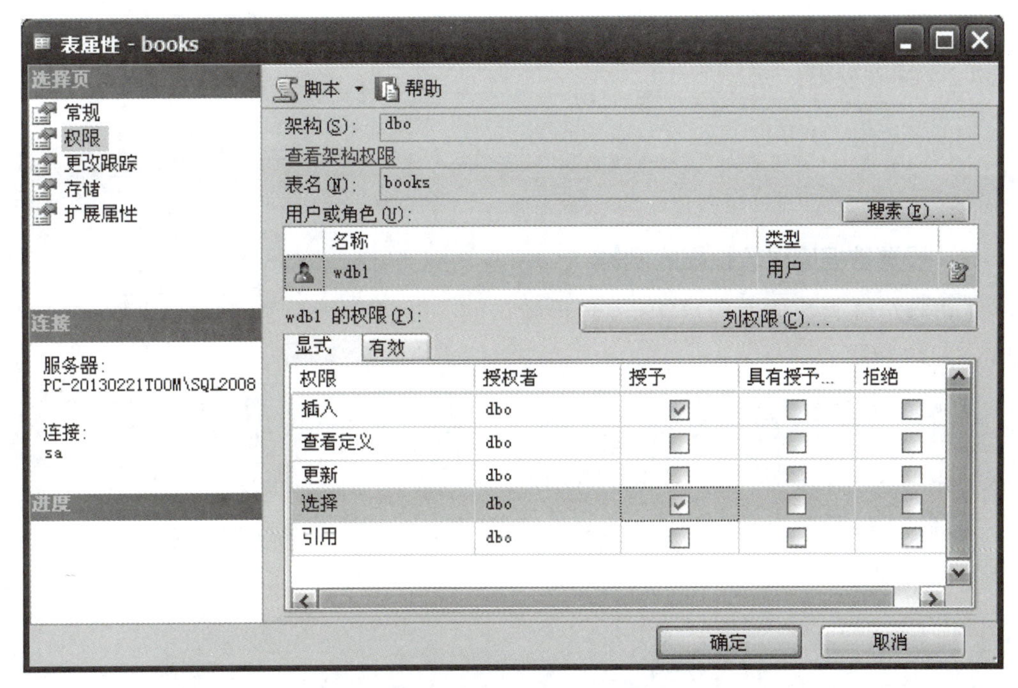

图 7-16　设置访问 books 表权限

用w1登录账户登录，看到bookDB数据库中只显示books一个表，看不到其他表，如图7-17所示。

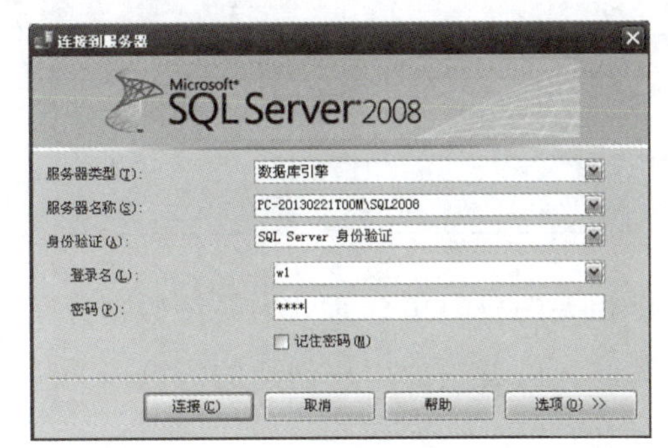

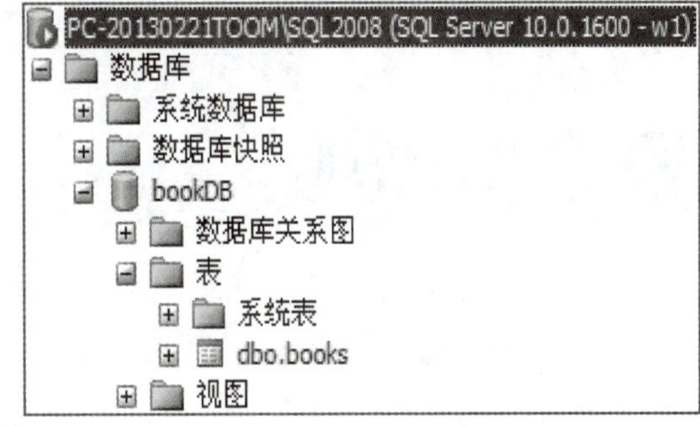

图 7-17　w1 账户登录只能访问 books 一个表

说明：

不管是授予数据库级权限，还是数据库对象级权限，都需要用有权限的账户登录才能授权。

2. 使用 SQL 语句设置数据库对象权限

（1）授予权限：

```
GRANT  语句权限名
ON   <表名 | 视图名 | 存储过程名>
TO   <数据库用户名 || 用户角色名>
```

```
[ WITH  GRANT  OPTION ]
```

（2）回收权限：

```
REVOKE  语句权限名
ON  <表名 | 视图名 | 存储过程名>
FROM <数据库用户名 || 用户角色名>
```

3. 设置数据库对象权限的例题

例题7-14 为数据库用户DBuser1设置访问bookDB数据库中readers表的SELECT和INSERT 权限。

```
代码：USE  bookDB
     GO
     GRANT  INSERT,SELECT  ON  readers  to  DBuser1
```

例题7-15 将数据库用户DBuser1设置访问bookDB数据库中readers表的INSERT权限回收回来。

```
代码：USE  bookDB
     GO
     REVOKE  INSERT  ON  readers  FROM  DBuser1
```

说明：

设置完毕可以右击“对象资源管理器”中的readers表，选择“属性”命令，在打开窗口的“权限”页面看到DBuser1数据库用户的权限变化。

7.5 角色管理

数据库角色是被命名的一组与数据库操作相关的权限集合，分为系统数据库角色和用户自定义数据库角色，前者是系统内置的，后者是由用户创建的。可以为一组具有相同权限的用户创建一个角色，简化授权的过程。

1. 创建和删除数据库角色

创建角色的语法：

```
EXEC  sp_addrole  '角色名'
```

删除角色的语法：

```
EXEC  sp_droprole  '角色名'
```

例题7-16 在bookDB数据库中创建角色role1、role2。

```
代码：USE  bookDB
     GO
     EXEC  sp_addrole  'role1'
     EXEC  sp_addrole  'role2'
```

例题7-17 删除角色 role2。

```
代码：EXEC  sp_droprole  'role2'
```

2. 增加和删除数据库角色成员

（1）增加数据库角色成员的语法：

```
EXEC  sp_addrolemember  '角色名','数据库用户名'
```

（2）删除数据库角色成员的语法：

```
EXEC  sp_droprolemember  '角色名','数据库用户名'
```

例题7-18 为数据库用户DBuser1、wdb1、wdb2授予role1角色。

```
代码：USE  bookDB
      GO
      EXEC  sp_addrolemember  'role1','DBuser1'
      EXEC  sp_addrolemember  'role1','wdb1'
      EXEC  sp_addrolemember  'role1','wdb2'
```

例题7-19 删除角色 role1中的数据库用户wdb2。

```
代码：EXEC  sp_droprolemember  'role1','wdb2'
```

3. 给角色授权和回收权限

（1）给角色授权的语法：

```
GRANT  <权限>[,<权限>]…
ON  <对象名>
TO  <角色>[,<角色>]…
```

（2）回收角色权限的语法：

```
REVOKE <权限>[,<权限>]…
ON  <对象名>
FROM  <角色>[,<角色>]…
```

例题7-20 将bookDB数据库中books表的查询、修改权限授权给角色role1。

```
代码：USE  bookDB
      GRANT  SELECT,UPDATE
      ON  books
      TO  role1
```

说明：

此操作后，角色role1中的数据库角色成员DBuser1和wdb1都具备了查询和修改books表的权限，也就是用SQL_use和w1账户登录，都可以查询和修改books表。

例题7-21 为了加强管理，除管理员之外，不允许其他用户修改图书信息，现需要将role1角色中在books表上的update权限收回。

```
代码：REVOKE  update  ON  books  FROM  role1
```

说明：

此操作后，数据库用户DBuser1和wdb1不再具备修改books表的权限，除非该用户还有从其他渠道的授权。

例题7-22 放开图书录入权限，为角色role1增加books表上的INSERT权限。

代码：
```
GRANT  INSERT  ON  books  TO  role1
```

说明：

此操作后，角色role1中的任何数据库角色成员都具有了books表上的INSERT权限，不需要再逐个去授权，方便了为同类用户批量授权和回收权限操作。

实验11 权限设置

视 频

存取控制-操作演示

一、实验目的

（1）了解数据库自主存取控制的过程和方法。

（2）能够熟练创建SQL Server中的登录账号和数据库用户。

（3）能够熟练使用SQL中DCL语句进行授权和回收权限。

二、实验内容

（1）用超级用户登录SSMS，创建一个新的登录账号，命名为你的姓名的汉语拼音全拼。

退出SSMS，使用新建的登录账号（以下简称你的账号）登录SSMS，检验能否访问数据库。

（2）重新用超级用户登录SSMS，在bookDB数据库（也可以自行选择其他用户数据库）创建新的数据库用户关联到你的账号。

退出SSMS，再次使用你的账号登录SSMS，检验能否访问bookDB数据库和其他数据库。

（3）重新用超级用户登录SSMS，将bookDB数据库books表的查询和修改权限授权给新建的数据库用户。

退出SSMS，再次使用你的账号登录SSMS，检验能否访问bookDB数据库中的books表和其他表，检验能否查询和修改books表中的数据，能否在books表中插入和删除数据。

（4）重新用超级用户登录SSMS，将bookDB数据库books表的修改权限从该数据库用户回收回来。

退出SSMS，再次使用你的账号登录SSMS，检验能否修改books表中数据。

思考题：

简述你对数据库安全性的理解。

实验 12 SQL 综合练习

一、实验目的

（1）熟练使用SQL语句完成各种操作，包括DDL语句（建库、建表）、DML语句（数据增、删、改）、DQL语句（数据查询）。

（2）熟练进行视图的创建、使用和删除等基本操作。

二、实验内容

（1）使用SQL语句创建一个数据库，数据库名称为自己姓名全拼，例如zhangsan。

（2）使用USE 命令打开刚创建的数据库。

（3）使用SQL语句在刚创建的数据库中创建学生表、课程表和成绩表三张表，表名都加上自己姓名的全拼，表结构见表7-2~表7-4。

表7-2 S+姓名全拼

列　名	数据类型	宽　度	为空性	说　明
sid	int		Not Null	学号、主键
class	varchar	10	Not Null	班级
name	varchar	8	Not Null	姓名
sex	char	2		性别，只可以为“男”或“女”
nation	varchar	20		民族
pid	char	18		身份证号，唯一
birthday	smalldatetime			出生日期

表7-3 C+姓名全拼

列　名	数据类型	宽　度	为空性	说　明
cid	int		Not Null	课程号、主键
cname	varchar	30	Not Null	课程名
semester	char	1		开课学期
hour	int			学时

表7-4　G+姓名全拼

列　　名	数据类型	宽　　度	为 空 性	说　　明
ID	int		Not Null	主键、标识列（1，1）
sid	int		Not Null	来自学生表的外部关键字
cid	int		Not Null	来自课程表的外部关键字
grade	int			

（4）使用SQL语句增加数据：

①在学生表中插入记录。第一条为自己的信息（如果完整学号无法录入，录入最后两位短学号），继续插入小组其他成员的信息，至少录入两位同组成员。

②在课程表中插入记录

课程号	课程名	开课学期	学时
101	数据库	2	64
102	C语言	1	80

③在成绩表中插入记录：为自己和本小组成员录入选课信息及成绩。

（5）使用SQL语句修改数据：按照姓名将某一位同学的民族改为“满族”，出生日期改为“1999-12-24”。

（6）使用SQL语句查询数据：

①从课程表中查询课程的课程名、开课学期和学时。

②在学生表中查询年龄为20岁或22岁的学生信息。

③查询学生的学号、姓名、课程名和分数，查询结果按课程名和分数降序排列。

④查询每个班级、每门课程的平均成绩，显示班级、课程名、平均成绩。

⑤用嵌套语句查询成绩在90分以上的学生的姓名和班级。

（7）使用SQL语句删除数据

①按照学号在学生表中删除一名同学的信息。

②按姓名删除成绩表中某位同学的信息（嵌套查询）。

（8）创建使用视图：

①创建一个视图“v_姓名全拼”，显示学生的学号、姓名、班级、课程名、分数。

②在新建的视图中，按照姓名查询你自己的学号、姓名、课程名、分数。

（9）分离复制数据库文件（平台操作）：保存代码，分离数据库，将代码和两个数据库文件都上传平台交作业，并填写学习心得。

习 题

一、选择题

1. 在数据系统中，对存取权限的定义称为（　　）。

A. 命令　　B. 授权　　C. 定义　　D. 审计

2. 数据库管理系统提供授权功能，以便控制不同用户的访问数据权限，其主要目的是实现数据库的（　　）。

A. 一致性　　B. 完整性　　C. 安全性　　D. 可靠性

3. 完整性控制的防范对象是（　　）。

A. 非法用户　　B. 不合语义的数据

C. 不正确的数据　　D. 非法操作

4. 安全性控制防范的主要对象是（　　）。

A. 合法用户　　B. 不合语义的数据

C. 不正确的数据　　D. 非法操作

5. 系统提供的最外层安全保护措施是（　　）。

A. 用户标识与鉴别　　B. 自主存取控制

C. 强制存取控制　　D. 数据加密

6. 数据库自主存取控制的简称是（　　）。

A. DAC　　B. MAC　　C. DBA　　D. DBS

7. 将Student表的查询权限授予用户U1和U2，并允许该用户将此权限授予其他用户，实现此功能的SQL语句是（　　）。

A. GRANT SELECT ON TABLE Student TO U1，U2 WITH PUBLIC

B. GRANT SELECT TO TABLE Student ON U1，U2 WITH PUBLIC

C. GRANT SELECT TO TABLE Student ON U1，U2 WITH GRANT OPTION

D. GRANT SELECT ON TABLE Student TO U1，U2 WITH GRANT OPTION

8. 连接数据库时的安全验证是通过（　　）来实现的。

A. 用户标识与鉴别　　B. 存取控制

C. 数据加密　　D. 审计

9. 下列SQL语句中，能够实现“收回用户WAN对学生表（STU）中学号（SNO）的修改权”这一功能的是（　　）。

A. REVOKE UPDATE（SNO）ON TABLE FROM WAN

B. REVOKE UPDATE（SNO）ON TABLE FROM PUBLIC

C. REVOKE UPDATE（SNO）ON STU FROM WAN

D. REVOKE UPDATE（SNO）ON STU FROM PUBLIC

10. 把对关系SC的属性GRADE的修改权授予用户WAN的SQL语句是（　　）。

A. GRANT GRADE ON SC TO WAN

B. GRANT UPDATE ON TABLE SC TO WAN

C. GRANT UPDATE（GRADE）ON TABLE SC TO WAN

D. GRANT UPDATE ON SC（GRADE）TO WAN

二、判断题

1. 实行强制存取控制就不需要自主存取控制。（ ）
2. 数据库安全性是指保护数据库，防止不符合语义的数据存入。（ ）
3. 用户权限定义和合法权限检查机制一起构成了DBMS的存取控制子系统。（ ）
4. SQL Server 2008是B1级别的数据库。（ ）
5. 数据库的安全审计提供了事后审查的安全机制。（ ）
6. 任何数据库用户都可以打开审计功能。（ ）
7. B1以上安全级别的DBMS必须具有审计功能，C2级别的DBMS可以不具备。（ ）

三、简答题

1. 对下列两个关系模式使用GRANT语句完成授权功能。

学生（学号、姓名、年龄、性别、家庭住址、班级号）

班级（班级号、班级名、班主任、班长）

（1）授予用户U1对两个表的所有权限，并可给其他用户授权。

（2）授予用户U2对学生表具有查看权限，对“家庭住址”具有更新权限。

（3）将对班级表的查看权限授予所有用户。

（4）创建角色R1，将对学生表的查询、更新权限授予角色R1。

（5）将角色R1授予用户U1，并且U1可继续授权给其他用户。

（6）用户张明具有修改两张表表结构的权限。

（7）用户杨兰具有查看学生姓名、班级、班主任的权限，她不能查看学生和班级的其他信息（提示：需要创建视图）。

2. 将简答题1中（1）~（7）小题的授权全部收回来。

文 件

习题解析

附录A SQL Server中常用的函数

SQL Server中的常用函数见表A-1~表A-8。

表A-1 常用聚合函数

函 数 名	函 数 功 能	应 用 示 例
Count()	计数函数，返回行数： （1）Count（*）：统计所有满足条件的行数； （2）Count（列名）：统计满足条件且该列值不为空的行数	语句：SELECT count（*）FROM student; 功能：统计student表中有多少条记录（学生数量）。 语句：SELECT count（Sno）FROM student WHERE Sex ='女'; 功能：统计student表中有多少女学生
Avg()	求平均数函数，参数只能是数值型	语句：SELECT avg（grade）FROM SC; 功能：计算成绩表SC中的平均成绩。 语句：SELECT avg（grade）FROM SC WHERE Cno = 1; 功能：计算SC表中1号课程的平均成绩
Max()	求最大值函数，参数可以是数值型，也可以是字符型等	语句：SELECT max（grade）FROM SC WHERE Cno = 1; 功能：计算SC表中1号课程的最高分
Min()	求最小值函数，参数可以是数值型，也可以是字符型等	语句：SELECT min（grade）FROM SC WHERE Cno = 1; 功能：计算SC表中1号课程的最低分
Sum()	求总和函数，参数只能是数值型	语句：SELECT sum（hours）FROM course WHERE Semester = 1; 功能：计算第一学期开设课程的总学时

表A-2 常用字符串函数

函 数 名	函 数 功 能	应 用 示 例
Len（字符表达式）	计算字符串长度，不含尾部空格	语句：SELECT len（'12345asc '）; 结果：8。 语句：SELECT BookName，len（BookName）字数FROM bookDB. dbo. Books; 结果： 结果 消息 | | BookName | 字数 | | 1 | 数据库系统概论 | 7 | | 2 | C语言程序设计 | 7 |

续表

函 数 名	函 数 功 能	应 用 示 例
Left（字符表达式，整数）	截取从左侧开始指定位数的子字符串	语句：SELECT LEFT（readername，1）as 姓 FROM bookDB. dbo. readers 结果： 结果 消息 姓 1 田 2 李
Right（字符表达式，整数）	截取从右侧开始指定位数的子字符串	语句：SELECT right（'美好的世*界'，3）; 结果：世*界; 功能：取右侧3个汉字或字符。 语句：SELECT right（'美好的世*界'，1）; 结果：界; 功能：取右侧1个汉字或字符
Substring（字符表达式，起始位置，n）	从任意位置取子串，截取从起始位置开始的n个字符	语句：SELECT substring（'美好的世*界'，2，2）; 结果：好的； 功能：从第2位起取2个汉字或字符
Upper（字符表达式）	将字符表达式中所有小写字母转换为大写	语句：SELECT upper（'你好aBc'）; 结果：你好ABC
Lower（字符表达式）	将字符表达式中所有大写字母转换为小写	语句：SELECT lower（'你好aBc'）; 结果：你好abc
Ltrim（字符表达式）	去掉字符表达式左侧（前面）的空格	语句：SELECT 'hi，'+ltrim（' 你好 '）+'!'; 结果：hi，你好 !; 说明：去掉前面的空格。 语句：SELECT 'hi，'+' 你好 '+'!'; 结果：hi，你好 !; 说明：未去空格的效果
Rtrim（字符表达式）	去掉字符表达式右侧（尾部）的空格	语句：SELECT 'hi，'+rtrim（' 你好 '）+'!'; 结果：hi，你好!; 说明：去掉后面的空格
Charindex（字符表达式1，字符表达式2，[起始位置]）	返回字符表达式1在字符表达式2中的开始位置，从给出的起始位置开始找，如果省略起始位置或起始位置为负数或0，从第一位找起	语句：SELECT Charindex（'@'，'12@3. com'，5）; 结果：0; 说明：第5个字符以后没有@。 语句：SELECT Charindex（'@'，'12@3. com'）; 结果：3; 说明：@在第三个字符。 语句：SELECT Charindex（'@'，'12@3. com'，-1）; 结果：3
Space（n）	返回n个空格组成的字符串，n是整数	语句：SELECT 'a'+space（5）+'b'; 结果：a b; 说明：中间加了5个空格
Replicate（字符表达式，n）	将字符表达式重复n次	语句：SELECT Replicate（'@1'，3）; 结果：@1@1@1; 说明：重复了3次。 语句：SELECT Replicate（'@1'，5）; 结果：@1@1@1@1@1; 说明：重复了5次
Reverse（字符表达式）	返回字符串的逆序，可用于加密	语句：SELECT Reverse（'abcde'）; 结果：edcba

续表

函数名	函数功能	应用示例
Stuff（字符表达式1,n,m,字符表达式2）	将字符表达式1中第n位开始的m个字符替换为字符表达式2	语句：SELECT stuff（'abcde'，3，2，'好'）； 结果：ab好e； 说明：替换第3位开始的2个字符。 语句：SELECT stuff（'abcde'，2，1，'好'）； 结果：a好cde
Replace（字符表达式1，字符表达式2，字符表达式3）	将字符表达式1中的字符表达式2子串替换为字符表达式3	语句：SELECT REPLACE（'abcd'，'bc'，'天'）； 结果：a天d； 说明：将bc替换为天。 语句：SELECT REPLACE（'abcd'，'cc'，'天'） 结果：abcd 说明：未找到cc，不替换

表A-3 常用数学函数

函数名	函数功能	应用示例
Abs（数值表达式）	返回数值表达式的绝对值	语句：SELECT abs（−100. 11）； 结果：100. 11。 语句：SELECT abs（100. 11）； 结果：100. 11
Round（数值表达式，n）	将数值表达式四舍五入为n所给定的精度	语句：SELECT Round（100. 1357，1）； 结果：100. 1000。 语句：SELECT Round（100. 1357，2）； 结果：100. 1400。 语句：SELECT Round（100. 1357，3）； 结果：100. 1360
Ceiling（数值表达式）	返回大于或等于数值表达式值的最小整数	语句：SELECT Ceiling（-100. 11）； 结果：-100。 语句：SELECT Ceiling（100. 11）； 结果：101
Floor（数值表达式）	返回小于或等于数值表达式值的最大整数	语句：SELECT Floor（-100. 11）； 结果：-101。 语句：SELECT Floor（100. 11）； 结果：100
Sqrt（数值表达式）	返回数值表达式的平方根	语句：SELECT Sqrt（4）； 结果：2； 说明：2的平方 = 4
Power（数值表达式，n）	返回数值表达式的n次方	语句：SELECT Power（4，3）； 结果：16； 说明：4的3次方 = 64
Rand（[种子]）	返回float类型随机数，数值在0~1之间。种子是整数表达式，不同种子产生不同的随机数，省略[种子]可由系统默认	语句：SELECT rand()； 某一个结果：0. 732331298228979。 语句：SELECT rand（1）； 结果：0. 713591993212924。 语句：SELECT rand（2）； 结果：0. 713610626184182。 语句：SELECT rand（datepart（SS，GETDATE()））； 功能：以当前时间的秒数作种子，产生真随机数

续表

函 数 名	函 数 功 能	应 用 示 例
Isnumeric（表达式）	判断表达式中内容是否都是数字，1表示是，0表示不是	语句：SELECT isnumeric（'122'）; 结果：1。 语句：SELECT isnumeric（'12k'）。 结果：0
Sign（数值表达式）	判断数值表达式的正负，1表示正，-1表示负，0表示0	语句：SELECT Sign（10）; 结果：1。 语句：SELECT Sign（-10）。 结果：-1; 语句：SELECT Sign（0）; 结果：0
Pi()	PI函数	语句：SELECT pi(); 结果：3. 14159265358979
Sin（float表达式）	返回指定角度（以弧度为单位）的三角正弦值	语句：SELECT sin（1）; 结果：0. 841470984807897
cos（float表达式）	返回指定角度（以弧度为单位）的三角余弦值	语句：SELECT cos（1）; 结果：0. 54030230586814
tan（float表达式）	返回指定角度（以弧度为单位）的三角正切值	语句：SELECT tan（1）; 结果：1. 5574077246549
cot（float表达式）	返回指定角度（以弧度为单位）的三角余切值	语句：SELECT cot（1）; 结果：0. 642092615934331
log（float表达式）	计算以2为底的自然对数	语句：SELECT log（1）; 结果：0。 语句：SELECT log（5）; 结果：1. 6094379124341
Log10（float表达式）	计算以10为底的自然对数	语句：SELECT log10（1）; 结果：0; 语句：SELECT log10（5）; 结果：0. 698970004336019; 语句：SELECT log10（10）; 结果：1

表A-4　常用日期函数

函 数 名	函 数 功 能	应 用 示 例
Getdate()	返回服务器当前系统日期和时间	语句：SELECT GETDATE(); 某一时刻结果：2022-05-26 22:43:44. 450
Year（日期）	返回日期中的“年”所代表的数值，返回值是数值型	语句： SELECT borrowDate, YEAR(borrowDate) as年, month(borrowDate) as月, day(borrowDate) as 日 FROM bookDB . dbo . borrow 结果： 结果 消息 borrowDate 年 月 日 1 2024-02-28 00:26:28.313 2024 2 28
Month（日期）	返回日期中的“月”所代表的数值，返回值是数值型	
Day（日期）	返回日期中的“日”所代表的数值，返回值是数值型	

续表

函数名	函数功能	应用示例
Datename（日期元素，日期）	返回日期的文本表示，格式由日期元素指定，返回值是字符型	语句： SELECT borrowDate, datename(yy , borrowDate) as年, datename(mm , borrowDate) as月, datename(dd , borrowDate) as日 FROM bookDB . dbo . borrow 结果：同上
Datepart（日期元素，日期）	返回日期的整数值，格式由日期元素指定，返回值是数值型	语句： SELECT borrowDate, datepart(yy , borrowDate) as年, datepart(mm , borrowDate) as月, datepart(dd , borrowDate) as日 FROM bookDB . dbo . borrow 结果：同上
Datediff（日期元素，日期1，日期2）	返回两个日期之间的时间间隔，格式由日期元素指定，返回值是数值型； 示例说明：计算未归还图书的已经借书天数	语句： SELECT borrowDate 借书日期, getdate() 今天日期, datediff(dd , borrowDate , getdate())借书天数 FROM bookDB . dbo . borrow WHERE ReturnDate is Null 结果：结果 消息 借书日期 今天日期 借书天数 1 2024-03-01 14:45:50.163 2024-03-01 14:49:51.590 0
Dateadd（日期元素，数值，日期）	返回增加一个时间间隔后的日期结果，格式由日期元素指定，返回值是日期型； 示例说明：借书期限是20天，计算应还书日期	语句： SELECT borrowDate 借书日期, dateadd(dd , 20 , borrowDate)应还日期 FROM bookDB . dbo . borrow 结果：结果 消息 借书日期 应还日期 1 2024-03-01 14:45:50.163 2024-03-21 14:45:50.163
Isdate（表达式）	判断表达式中内容是否是有效的日期格式，1是，0不是	语句：SELECT isdate（GETDATE()）; 结果：1。 语句：SELECT isdate（'11-1-1'）; 结果：1。 语句：SELECT isdate（'11-40-40'）; 结果：0

表A-5　日期元素及其缩写和取值范围

日期元素	缩写	取值	日期元素	缩写	取值
Year 年份	yy	1753~9999	Weekday（工作日）	dw	1~7
Quarter 季节	qq	1~4	Hour（小时）	hh	0~23
Month 月份	mm	1~12	Minute（分钟）	mi	0~59
Day 日	dd	1~31	Second（秒）	ss	0~59
day of year 某年的一天	dy	1~366	Millisecond（毫秒）	ms	0~999
Week 星期	wk	0~52			

表A-6　常用转换函数

函 数 名	函 数 功 能	应 用 示 例
ASCII（字符表达式）	返回最左侧字符的ASCII码	语句：SELECT ASCII（'abc'）; 结果：97。 语句：SELECT ASCII（'a'）; 结果：97
CHAR（整数）	将整数作为ASCII码转换成对应的字符，如果输入不在0~255 之间，返回Null	语句：SELECT char（97）; 结果：a。 语句：SELECT char（65）; 结果：A。 语句：SELECT char（297）; 结果：Null。 语句：SELECT char（-10）; 结果：Null
STR（数值表达式[，n[，m]]）	将数值表达式转换为字符型，n表示字符总长度，m表示其中小数位数。如果省略n、m则只转换整数部分，默认10位，左侧空格补位；如果n小于整数位数，则返回*	语句：SELECT str（12.45）; 结果：12; 说明：长度10位，无小数，8个空格。 语句：SELECT str（12.45，5）; 结果：12; 说明：长度5位，无小数，3个空格。 语句：SELECT str（12. 45，5，1）; 结果：12.4; 说明：长度5位，保留1位小数，1个空格。 语句：SELECT str（12.45，5，2）; 结果：12.45; 说明：长度5位，保留两位小数，无空格。 语句：SELECT str（12. 45，1）; 结果：*; 说明：位数不足整数位
CAST（表达式 AS 目标数据类型）	将表达式转换为目标数据类型，表达式是任何有效表达式，数据类型是系统数据类型，不可以是用户自定义数据类型	语句：SELECT Cast（GETDATE()as CHAR）; 结果：05 26 2022 11:03PM; 说明：示例演示日期是2022年5月26日
CONVERT（目标数据类型，表达式[，日期样式]）	将一种数据类型的表达式转换为另一种数据类型的表达式，与CAST功能类似，但可以指定数据样式，示例演示日期型转字符型效果	语句：SELECT convert（char，GETDATE()）; 结果：05 26 2022 11:05PM。 语句：SELECT convert（char，GETDATE()，1）; 结果：05/26/22。 语句：SELECT convert（char，GETDATE()，2）; 结果：22.05.26 语句：SELECT convert（char，GETDATE()，102）; 结果：2022.05.26; 说明：演示日期是2022年5月26日
ISNull（可能空的值，指定的值）	判断值为空，就用指定的值替换	语句： SELECT bookname，booktype， ISNull（booktype，'待定'）as 替换空值 FROM bookDB. dbo. books 结果： | | bookname | booktype | 替换空值 | | 1 | 数据库系统概论 | 计算机类 | 计算机类 | | 2 | 细节决定成败 | 综合类 | 综合类 | | 3 | C语言程序设计 | NULL | 待定 |

表A-7　Convert函数用到的日期样式取值

不带世纪位（yy）	带世纪位（yyyy）	标　准	输入/输出格式
—	0或100	默认设置	mon dd yyyy hh:mi AM/PM
1	101	美国	mm/dd/yyyy
2	102	ANSI	yy. mm. dd
3	103	英国/法国	dd/mm/yy
4	104	德国	dd. mm. yy
5	105	意大利	dd-mm-yy
6	106	—	dd mon yyy
7	107	—	mon dd，yy
8	108	—	hh:mm:ss
—	9或109	默认值+毫秒	mon dd yyyy hh:mi :ss:mmmm AM/PM

表A-8　常用系统函数

函 数 名	函 数 功 能	应 用 示 例
CURRENT_USER	返回当前数据库用户的名称	语句：SELECT CURRENT_USER； 参考结果：dbo； 说明：作者正在使用dbo
HOST_ID()	返回数据库服务器端计算机的ID	语句：SELECT HOST_ID()； 参考结果：25036
HOST_NAME()	返回数据库服务器端主机名称	语句：SELECT HOST_NAME()； 参考结果：LAPTOP-NMGPMIMM
user_ID()	返回用户的数据库ID号	语句：SELECT user_ID()； 参考结果：1
user_name()	返回用户的数据库用户名	语句：SELECT user_name()； 参考结果：dbo
suser_sID()	返回服务器用户的安全账户号	语句：SELECT suser_sID()； 参考结果：0x01
suser_name()	返回服务器用户的登录名	语句：SELECT suser_name()； 参考结果：sa
DB_ID()	返回当前正在使用的数据库标识（ID）号	语句：SELECT DB_ID()； 参考结果：7； 说明：bookDB数据库ID是7
DB_NAME()	返回当前正使用的数据库名称	语句：SELECT DB_NAME()； 参考结果：bookDB
APP_NAME()	返回当前回话的应用程序名称（假设应用程序进行了设置）	语句：SELECT APP_NAME()； 参考结果：Microsoft SQL Server Management Studio - 查询
OBJECT_ID（对象名）	返回架构范围内对象的数据库对象标识号	语句： USE bookDB GO SELECT OBJECT_ID（'readers'） 参考结果：229575856

续表

函数名	函数功能	应用示例
OBJECT_NAME（对象名ID）	返回架构范围内对象的数据库对象名称，与OBJECT_ID（对象名）相对应	语句：SELECT OBJECT_name（'229575856'）; 结果：readers
COL_NAME（表标识号，列标识号）	返回指定的对应表标识和列标识号的列名称	语句：SELECT COL_NAME（229575856，1） 结果：readerID 说明：readers表的第一个列是readerID
COL_LENGTH（表名，列名）	返回列定义的长度（已字节为单位）	语句：SELECT COL_LENGTH（'readers'，'SEX'） 结果：2 说明：readers表的SEX字段定义为char（2）

附录 B SQL Server 中常用的数据类型

SQL Server中常用数据类型见表B-1~表B-6。

表B-1 字符类型

数 据 类 型	说 明
char [(n)]	固定长度字符型，长度为n个字节，最多可存n个字符或n/2个汉字，n的取值范围为1~8 000，默认长度1
varchar [(n)]	可变长度字符型，长度为n个字节，n的取值范围为1~8 000，默认长度1
nchar [(n)]	固定长度Unicode字符型，Unicode字符集对字符和汉字都采用双字节存储，最多可存n个字符或n个汉字，n的取值范围为1~4 000，默认长度1
nvarchar [(n)]	可变长度Unicode字符型，n的取值范围为1~4 000，默认长度1
text	大量长度的字符型，最多达到2^{31}-1（2147 483 647）字节
ntext	大量长度的Unicode字符型，最多可存（2^{31}-1）/2=（1 073 741 823）个字符或汉字

表B-2 数字类型

数 据 类 型	说 明
bigint	-263（-1. 8E19）~263-1（1. 8E19）的整型数，存储长度为8字节
int	-231（-2 147 483 648）~231-1（2 147 483 647）的整型数，存储长度为4字节
smallint	-215（-32 768）~215-1（32 767）的整型数，存储长度为2字节
tinyint	0 ~255的整型数，存储长度为1字节
float	浮点型，从-1.79E+308到1.79E+308，存储长度为8个字节
real	浮点精度型，取值范围为-3.40E+38~3.40E+38，存储长度为4字节
bit	整数型，值为1或0，存储长度为1位
numeric（p，s）	固定精度和小数的数字型，取值范围为-10^{38}+1~10^{38}-1。p是总的数字位数，取值范围为1~38。s是小数位数，取值范围为0~p。numeric 与 decimal数据类型在功能上等效
decimal（p，s）	固定精度和小数的数字型，取值范围为-10^{38}+1~10^{38}-1。p是总的数字位数，取值范围为1~38。s是小数位数，取值范围为0~p。存储长度为19个字节

表B-3 日期类型

数据类型	说 明	精 度
date	日期型，4字节，无时间，1753年1月1日到9999年12月31日，SQL Server 2008版新增的数据类型	1天
datetime	日期时间型，8字节，1753年1月1日到9999年12月31日	3.33 ms
smalldatetime	日期时间型，4字节，1900年1月1日到 2079年6月6日	1 min
time	时间型，不存日期，只存时分秒，SQL Server 2008版新增的数据类型	1 ms

表B-4　货币类型

数据类型	说　明
money	-2^{63}（-922，337，203，685，477.580 8）~$2^{63}-1$（922，337，203，685，477.5807），存储长度为8个字节
smallmoney	-2^{31}（-214，748.3648 ）~$2^{31}-1$（214，748.3647），存储长度为4B字节

表B-5　字节二进制和图像类型

数据类型	说　明
binary [（n）]	n个字节的固定长度二进制数据，n的取值为1~8 000 B，默认长度为1
varbinary [（n）]	可变长度二进制数据。n为1~8，000，默认长度为1
Image	变长度二进制数据。最长为$2^{30}-1$（2147 483 647）字节

表B-6　其他数据类型

数据类型	说　明
UniqueIdentifier	可存储16字节的二进制值，其作用与全局唯一标记符（GUID）一样，GUID是唯一的二进制数
TimeStamp	当插入或者修改行时，自动生成的唯一的二进制数字的数据类型
Cursor	允许在存储过程中创建游标变量，游标允许一次一行地处理数据，这个数据类型不能用作表中的列数据类型
sql_variant	可包含除text、ntex、timage和timestamp之外的其他任何数据类型
Table	一种特殊的数据类型，用于存储结果集以进行后续处理
XML	XML数据类型，可以在列中或者xml类型变量中存储xml实例

附录 C　SQL Server 中常用的运算符

SQL Server中常用运算符见表C-1~表C-8所示。

表C-1　算数运算符

运　算　符	含　　义	应用示例
+（加）	加法	SELECT 2+5； 结果：7。 SELECT 2.00+5； 结果：7.00
-（减）	减法	SELECT 2-5； 结果：-3。 SELECT 2.00-5； 结果：-3.00
*（乘）	乘法	SELECT 2*5； 结果：10。 SELECT 2.00*5； 结果：10.00
/（除）	除法	SELECT 2/5； 结果：0。 SELECT 2.0/5； 结果：0.400000
%（取模）	返回除法运算的余数	SELECT 14%5； 结果：4。 SELECT 14%5.0； 结果：4. 0

表C-2　字符运算符

运　算　符	含　　义	应用示例
+	将两个字符串连接成一个新的字符串	SELECT '123'+'ABC'； 结果：123ABC。 SELECT '123 '+'ABC'； 结果：123 ABC

表C-3　赋值运算符

运　算　符	含　　义	应用示例
=	唯一的赋值运算符	DECLARE @i int； 说明：定义变量。 SET @i=10； 说明：为变量赋值

表C-4　关系运算符

运　算　符	含　　义
=	判断是否相等

续表

运 算 符	含 义
>	大于
<	小于
>=	大于或等于
<=	小于或等于
<>	不等于
!=	不等于（非SQL-92标准）
!<	不小于（非SQL-92标准）
!>	不大于（非SQL-92标准）

表C-5 逻辑运算符

运 算 符	含 义
ALL	如果一组比较结果都为TRUE，结果就为TRUE
AND	如果两个布尔表达式都为TRUE，结果就为TRUE
ANY	如果一组比较结果中任何一个为TRUE，结果就为TRUE
BETWEEN	如果操作数在该范围之内（含边界值），结果就为TRUE
EXISTS	如果子查询包含一些行，结果就为 TRUE
IN	如果操作数等于表达式列表中的一个，结果就为TRUE
LIKE	如果操作数与一种模式相匹配，结果就为TRUE
NOT	对任何其他布尔运算符的值取反
OR	如果两个布尔表达式中的一个为TRUE，结果就为TRUE
SOME	如果在一组比较中，有些为TRUE，结果就为TRUE

表C-6 位运算符

<table>
<tr><th>运 算 符</th><th>含 义</th></tr>
<tr><td>&（位与）</td><td>按位与运算（两个操作数）</td></tr>
<tr><td>|（位或）</td><td>按位或运算（两个操作数）</td></tr>
<tr><td>^（位异或）</td><td>按位异或运算（两个操作数）</td></tr>
</table>

表C-7 一元运算符

运 算 符	含 义
+（正）	正数的符号
-（负）	负数的符号
~（位非）	返回数字的非

表C-8　运算符优先级

级　别	运　算　符
1	~（位非）、+（正）、-（负）
2	*（乘）、/（除）、%（取模）
3	+（加）、-（减）、&（位与）
4	=、>、<、>=、<=、<>、!=、!>、!<（比较运算符）
5	|（位或）、^（位异或）
6	NOT
7	AND
8	ALL、ANY、BETWEEN、IN、LIKE、OR、SOME
9	=（赋值）

参考文献

[1] 王雪梅，李海晨. SQL Server数据库实用案例教程[M]. 北京：清华大学出版社，2023.

[2] 王珊，萨师煊. 数据库系统概论[M]. 北京：高等教育出版社，2015.

[3] 周爱武，汪海威，肖云. 数据库课程设计[M]. 北京：机械工业出版社，2014.

[4] 马俊，袁暋. SQL Server2012数据库管理与开发：慕课版[M]. 北京：人民邮电出版社，2016.

[5] 刘卫国，熊拥军. 数据库技术与应用：SQL Server 2005[M]. 北京：清华大学出版社，2010.

[6] 胡孔法. 数据库原理及应用学习与实验指导教程[M]. 北京：机械工业出版社，2012.

[7] 刘旭，范瑛. SQL Server 2008项目教程[M]. 北京：清华大学出版社，2013.

[8] 李丹，赵占坤，丁宏伟，等. SQL Server 2005数据库管理与开发实用教程[M]. 北京：机械工业出版社，2014.

[9] 万常选，廖国琼，吴京慧，等. 数据库原理与设计[M]. 北京：清华大学出版社，2014.

[10]吴京慧，刘爱红，廖国琼，等. 数据库原理与设计实验教程[M]. 北京：清华大学出版社，2014.

[11] 李法春，刘志军. 数据库基础及其应用[M]. 北京：机械工业出版社，2011.

[12] 郭春柱. 数据库系统工程师软考辅导[M]. 北京：机械工业出版社，2014.

[13] 李俊民，王国胜，张石磊. SQL Server基础与案例开发教程[M]. 北京：清华大学出版社，2014.

[14] 丁忠俊，王志，郭胜. 数据库系统原理及应用习题解析与项目实训[M]. 北京：清华大学出版社，2012.

[15] 延霞，徐守祥. 数据库应用技术SQL Server 2008篇[M]. 北京：人民邮电出版社，2012.

[16] 沈大林，王爱帧. SQL Server 2008案例教程[M]. 北京：中国铁道出版社，2010.

[17] 周慧，施乐军. SQL Server 2008数据库技术及应用[M]. 北京：人民邮电出版社，2015.